JIAOLIU SHUBIANDIAN GONGCHENG
GUIHUA KEYAN JI GONGCHENG SHEJI JIEDUAN
JISHU JIANDU DIANXING ANLI

交流输变电工程规划可研及工程设计阶段
技术监督典型案例

国网安徽省电力有限公司经济技术研究院　编著

中国电力出版社
CHINA ELECTRIC POWER PRESS

内 容 提 要

为提高交流输变电工程规划可研及工程设计阶段技术监督工作水平，国网安徽省电力有限公司经济技术研究院编写了《交流输变电工程规划可研及工程设计阶段技术监督典型案例》。本书主要包括变电站电气工程、变电站土建工程、线路电气工程、线路结构工程四章，共梳理案例 115 个。

本书可供从事交流输变电工程技术监督相关工作的技术及管理人员学习使用。

图书在版编目（CIP）数据

交流输变电工程规划可研及工程设计阶段技术监督典型案例 / 国网安徽省电力有限公司经济技术研究院编著 . —北京：中国电力出版社，2020.12
ISBN 978-7-5198-5025-8

Ⅰ . ①交… Ⅱ . ①国… Ⅲ . ①交流输电—电力工程—技术监督—案例 Ⅳ . ① TM726.1

中国版本图书馆 CIP 数据核字（2020）第 186804 号

出版发行：中国电力出版社
地 址：北京市东城区北京站西街 19 号（邮政编码 100005）
网 址：http://www.cepp.sgcc.com.cn
责任编辑：肖 敏（010-63412363）
责任校对：黄 蓓 郝军燕
装帧设计：郝晓燕
责任印制：石 雷

印 刷：三河市万龙印装有限公司
版 次：2020 年 12 月第一版
印 次：2020 年 12 月北京第一次印刷
开 本：787 毫米 ×1092 毫米 16 开本
印 张：13.25
字 数：257 千字
印 数：0001—2600 册
定 价：80.00 元

编 委 会

前　言

近年来，国家电网有限公司技术监督工作一直以质量为中心，以标准为依据，以安全稳定为目标，横向深化各专业、多阶段协同联动，构建以独立性、客观性、权威性为特点的技术监督工作体系，为电网安全稳定运行保驾护航。

为了全面落实技术监督相关技术标准和《国家电网有限公司关于印发十八项电网重大反事故措施（修订版）的通知》（国家电网设备〔2018〕979号）等要求，深化工程建设全过程技术管理，强化技术监督保障作用，变事后监督为事前和事中监督，应全面把好规划可研和工程设计阶段技术监督关口。

为响应国家电网有限公司技术监督管理工作，深入贯彻执行技术监督工作思路，近年来，国网安徽省电力有限公司经济技术研究院积极开展技术监督工作，积累了大量案例，进一步对交流输变电工程规划可研及工程设计阶段发现的典型、普遍、有指导性的问题案例进行梳理、分析和总结，编写了《交流输变电工程规划可研及工程设计阶段技术监督典型案例》。

本书主要包括四章115个案例。其中，第一章为变电站电气工程，主要包括变压器、GIS、隔离开关、电容器等设备的案例；第二章为变电站土建工程，主要包括变电站站址、总平面布置、防火、排水、护坡等方面的案例；第三章为线路电气工程，主要包括线路路径、杆塔型式、导线型号、重要交叉跨越等方面的案例；第四章为线路结构工程，主要包括杆塔结构重要性系数、基础型式、电缆布置、电缆土建等方面的案例。本书注重分析相关规程、规范、标准、文件要求等与《全过程技术监督精益化管理实施细则（2020版）》的不统一之处，梳理对后续工程建设阶段有重大影响的问题并进行重点分析。每个案例从案例简介、监督依据、案例分析和监督意见四个方面对案例存在的问题进行分析、提供具体判断依据，同时提供问题解决方案和后续工作建议。其中，案例简介部分对相关工程概况和技术监督工作发现的问题进行简述；监督依据部分对违反的技术监督细则条款和内容进行详细说明；案例分析部分对问题发生的原因和可能对后续工程建设造成的危害进行详细说明；监督意见部分则提出了针对性的解决办法。本书具有较强的参考价值和指导意义，能有效指导交流输变电工程规划可研及工程设计阶段技术监督工作人员开展工作，可供从事交流输变电工程技术监督相关工作的技术及管理人员学习使用。

由于水平所限，书中难免存在疏漏与不足之处，敬请各位读者批评指正。

编者

2020 年 10 月

目　录

第一章 变电站电气工程

案例 1 变压器套管不满足相间距离要求

监督专业：电气设备性能　　　监督手段：厂家资料确认

监督阶段：工程设计　　　　　问题来源：工程前期

一、案例简介

某 110kV 变电站新建工程，本期建设 1 台 50MVA 变压器，型式为三相自冷有载调压变压器。

主变压器外形俯视图如图 1-1 所示。变压器 35kV C 相和 10kV A 相套管相间距离为

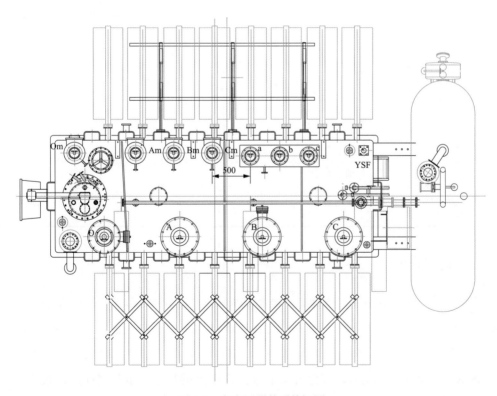

图 1-1　主变压器外形俯视图

500mm，大于规程规范要求（35kV 相间距离 A_2＝400mm）。但现场经铜排接线后，由于铜排有宽度，导致接线后相间距不足。

二、监督依据

《高压配电装置设计规范》（DL/T 5352—2018）第 5.1.2 条规定：屋外配电装置的最小安全净距不应小于表 1-1 的规定。

表 1-1　　　　　　　　　　3kV～500kV 屋外配电装置的最小安全净距　　　　　　　　　（mm）

符号	适应范围	系统标称电压（kV）									备注
		3～10	15～20	35	66	110J	110	220J	330J	550J	
A_1	1. 带电部分至接地部分之间； 2. 网状遮栏向上延伸线距地 2.5m 处与遮栏上方带电部分之间	200	300	400	650	900	1000	1800	2500	3800	—
A_2	1. 不同相的带电部分之间； 2. 断路器和隔离开关的断口两侧引线带电部分之间	200	300	400	650	1000	1100	2000	2800	4300	—
B_1	1. 设备运输时，其外廓至无遮栏带电部分之间； 2. 交叉的不同时停电检修的无遮栏带电部分之间； 3. 栅状遮栏至绝缘体和带电部分之间	950	1050	1150	1400	1650	1750	2550	3250	4550	B_1＝A_1＋750
B_2	网状遮栏至带电部分之间	300	400	500	750	1000	1100	1900	2600	3900	B_2＝A_1＋70＋30
C	1. 无遮栏裸层体至地面之间； 2. 无遮栏裸导体至建筑物、构筑物顶部之间	2700	2800	2900	3100	3400	3500	4300	5000	7500	C＝A_1＋2300＋200
D	1. 平等的不同时停电检修的无遮栏带电部分之间； 2. 带电部分与建筑物、构筑物的边沿部分之间	2200	2300	2400	2600	2900	3000	3800	4500	5800	D＝A_1＋1800＋200

三、案例分析

按照设计方案，该站主变压器中压侧套管采用 2×（TMY-125×10）铜排连接，主变压器低压侧套管采用 TMY-80×10 铜排连接，铜排均采用横向布置。变压器 35kV C 相和 10kV A 相套管相间距离为 500mm＞A_2（400mm），但两根铜排之间净距仅为 500－125/2－80/2＝397.5（mm），若再考虑铜排固定金具的尺寸，金具之间净距仅为 500－170＝330（mm），均无法满足规程 A_2 值要求。

四、监督意见

技术监督人员要求设计单位在确认厂家图纸时，联系变压器厂家调整变压器 35kV C 相和 10kV A 相套管相间距离至 600mm，调整后能够满足相关规程要求。为避免今后此类情况发生，技术监督人员要求设计单位在工程设计阶段充分考虑铜排及固定金具宽度，增加带电距离校验。

案例2 变压器缺少大件运输方案

监督专业：电气设备性能　　　监督手段：查阅可研报告

监督阶段：规划可研　　　　　问题来源：项目前期

一、案例简介

某 110kV 主变压器增容工程，本期将原有 1 台 20MVA 的主变压器增容为 50MVA。

站址位于某通航河流江心洲，三面环水，仅南侧有 1 座桥梁与运输道路连通，站址周边环境如图 1-2 所示。设计单位在项目前期未进行大件运输方案设计。

图 1-2 站址周边环境示意图

二、监督依据

（1）《变压器全过程技术监督精益化管理实施细则（2020 版）》（规划可研阶段）第 1.1.7 条："说明大件运输的条件并根据水路、陆路、铁路情况综合比较运输方案，1000kV 及以上电压等级变电站、偏远及运输条件困难地区应做大件运输专题报告。"

（2）《国家电网有限公司输变电工程初步设计内容深度规定 第 2 部分：110（66）kV 智能变电站》（Q/GDW 10166.2—2017）第 4.2.6 条规定，主变压器增容或扩建需说明周边道路和站内道路情况，是否满足大件运输及施工需要。

三、案例分析

设计人员前期未根据大件运输的条件进行道路的勘察，并未对水路、陆路、桥涵等情况综合比较运输方案。潜在问题：

（1）在工程可行性研究阶段，缺少大件运输所需的相关费用，导致后续工作开展困难；

（2）在后期工程实施阶段，无法保证大件设备及时可靠运达交货地点，甚至会发生运输事故，造成人身及财产损失。

四、监督意见

技术监督人员要求设计单位补充大件运输方案，包含以下内容：

（1）说明大件运输的条件，道路应经过勘察，并根据水路、陆路、铁路情况综合比较运输方案。

（2）说明大件设备的运输外形尺寸、单件运输质量、件数，对运输的要求及应注意的问题。

（3）说明大件设备卸货点到站址的运输方案（含公路、铁路、水运、码头及装卸等设施）、需要采取的特殊措施（如桥涵加固、拆迁、修筑便道等情况）和大件运输费用，并提供有关单位的书面意见。

（4）说明大件设备运输所需主要机具及技术参数。

案例3 站用电设计不满足可靠性要求

监督专业：电气设备性能　　　监督手段：查阅可研报告
监督阶段：规划可研　　　　　问题来源：项目前期

一、案例简介

某 110kV 变电站新建工程可研阶段，本期仅新建 1 台主变压器，10kV 线路本期 8 回，采用单母线接线；终期 24 回，采用单母线三分段接线。设计单位未落实相关规范及文件要求，本期仅配置 1 台容量为 400kVA 的接地变压器，利用接地变压器兼站用变压器，其中站用变压器容量为 100kVA。若母线或站用变压器发生故障，可能导致全站低压交流系统失电。

二、监督依据

（1）《站用变压器全过程技术监督精益化管理实施细则（2020 版）》（规划可研阶段）第 1.1.1 条："2.330kV 以下变电站应至少配置两路不同的站用电源。"

（2）《国家电网有限公司关于印发十八项电网重大反事故措施（修订版）的通知》（国家电网设备〔2018〕979 号）第 5.2.1.3 条规定，110（66）kV 及以上电压等级变电站应至少配置 2 路站用电源。

（3）《35kV～220kV 无人值班变电站设计规程》（DL/T 5103—2012）第 4.5.2 条规定，只有 1 台主变压器时，其中 1 台站用变压器宜从站外电源引接。

三、案例分析

设计单位考虑站用变压器配置方案时存在思维定式，未严格执行规程规范，认为站用变压器数量应与主变压器数量相匹配，未深层次考虑防止全站低压交流系统失电的保障措施。

四、监督意见

技术监督人员要求设计单位本期配置 2 台站用变压器，其中 1 台站用变压器引自站外电源，同时站外电源推荐采用专线，以避免同回路其他负荷影响可靠性。若不具备专线引接的条件，应提供联络线系统图、路径图，充分论证可靠性。

案例4 主变压器中压侧连接导体未采用单芯电缆

监督专业：电气设备性能　　监督手段：查阅可研报告
监督阶段：规划可研　　　　问题来源：项目前期

一、案例简介

某 110kV 主变压器扩建工程，本期扩建 1 台 50MVA 变压器，并扩建 35kV 出线 3 回、10kV 出线 8 回；主变压器中压侧至 35kV 开关柜采用电缆连接，低压侧至 10kV 开关柜采用铜母排架空连接。设计单位在选择连接导体时，直接选择三芯电缆。

二、监督依据

《变压器全过程技术监督精益化管理实施细则（2020 版）》（规划可研阶段）第 1.1.5 条："2. 变压器中、低压侧至配电装置采用电缆连接时，应采用单芯电缆。"

三、案例分析

设计单位在选择设备连接导体时，直接根据电缆载流量进行选择，并从经济性角度选择三芯电缆，但是三相统包电缆一旦发生相间故障将会造成变压器出口短路，引发严重的电网安全事故。因此，为防止上述隐患发生，《国家电网有限公司关于印发十八项电网重大反事故措施（修订版）的通知》（国家电网设备〔2018〕979 号）已明确要求变压器中、低压侧与母线连接电缆应采用单芯电缆。

四、监督意见

技术监督人员要求设计人员应及时掌握国家电网有限公司最新文件要求，并在工程设计中严格落实，提前消除工程运行安全隐患。

经技术监督后，设计单位将主变压器 35kV 进线电缆调整为交联聚乙烯电力电缆 YJV62-26/35-1×400，满足反措要求。

案例 5   GIS 母线配置未兼顾扩建停电影响

监督专业：电气设备性能　　　监督手段：查阅可研报告
监督阶段：规划可研　　　　　问题来源：项目前期

一、案例简介

某 110kV 变电站新建工程可研阶段，110kV 配电装置采用户外 GIS 气体绝缘金属封闭开关设备，本期 2 回，远期 4 回出线，均采用单母线分段接线。其中 2 回出线和 1 台主变压器是预留扩建间隔。该工程在本期设计时，预留间隔未预留过渡气室，造成 GIS 远期扩建停电时间过长。原设计 110kV 配电装置接线图如图 1-3 所示。

二、监督依据

（1）《关于加强气体绝缘金属封闭开关设备全过程管理重点措施》（国家电网生〔2011〕1223 号）第 8 条："采用 GIS 的变电站，其同一分段的同侧 GIS 母线原则上一次建成。如计划扩建母线，宜在扩建接口处预装一个内有隔离开关（配置有就地工作电源）或可拆卸导体的独立隔室；如计划扩建出线间隔，宜将母线隔离开关、接地开关与就地工作电源一次上全。"

（2）《国家电网有限公司关于印发十八项电网重大反事故措施（修订版）的通知》（国家电网设备〔2018〕979 号）第 12.2.1.7 条："同一分段的同侧 GIS 母线原则上一次建成。如计划扩建母线，宜在扩建接口处预装可拆卸导体的独立隔室；如计划扩建出线间隔，应将母线隔离开关、接地开关与就地工作电源一次上全。预留间隔气室应加装密度继电器并接入监控系统。"

三、案例分析

设计单位在本期工程设计时，未深入理解 GIS 特点，缺少与 GIS 厂家沟通；对于需要预留远期扩建母线或间隔的 GIS，未预留扩建用过渡气室，使得 GIS 扩建停电时间过长，将造成不必要的停电损失。

四、监督意见

技术监督人员要求设计单位充分考虑远期扩建方案。如计划扩建母线，宜在扩建接口处预装一个内有隔离开关（配置有就地工作电源）或可拆卸导体的独立隔室，气室压

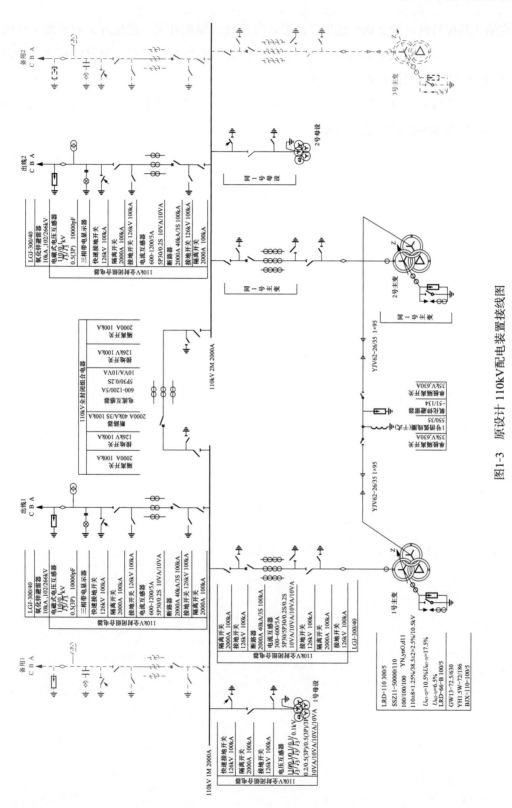

图1-3 原设计110kV配电装置接线图

力应纳入监控后台；如计划扩建出线间隔，宜将母线隔离开关、接地开关与就地工作电源一次上全。在 GIS 设计联络会中，也应明确在进行 GIS 的设计时，对母线扩建端和预留备用间隔隔离开关设置相应的过渡气室。

经技术监督后，设计单位修改接线方案，在扩建接口处预装一个内有隔离开关的独立气室，避免远期扩建停电时间过长。

案例 6　GIS 接线型式未兼顾扩建停电影响

监督专业：电气设备性能　　　监督手段：查阅可研报告
监督阶段：规划可研　　　　　问题来源：项目前期

一、案例简介

某 220kV 变电站新建工程，户外 GIS 布置方式，本期 220kV 出线 4 回；终期 220kV 出线 8 回，采用双母线单分段接线。

该站 220kV 本期进出线元件数达到 7 回，原变电站 220kV 配电装置接线图如图 1-4 所示。投产时未将母联及分段间隔相关一、二次设备全部投运，将造成远期扩建停电范围广、停电时间长。

二、监督依据

(1)《继电保护全过程技术监督精益化管理实施细则（2020 版）》（规划可研阶段）第 1.1.1 条："新建 220kV 及以上电压等级双母分段接线方式的气体绝缘金属封闭开关设备（GIS），当本期进出线元件数达到 4 回及以上时，投产时应将母联及分段间隔相关一、二次设备全部投运。"

(2)《国家电网有限公司关于印发十八项电网重大反事故措施（修订版）的通知》（国家电网设备〔2018〕979 号）第 5.1.1.3 条："新建 220kV 及以上电压等级双母分段接线方式的气体绝缘金属封闭开关设备（GIS），当本期进出线元件数达到 4 回及以上时，投产时应将母联及分段间隔相关一、二次设备全部投运。根据电网结构的变化，应满足变电站设备的短路容量约束。"

三、案例分析

该变电站 220kV 本期进出线元件数达到 7 回，终期采用双母线单分段接线方式。根据《国家电网有限公司关于印发十八项电网重大反事故措施（修订版）的通知》（国家电网设备〔2018〕979 号）要求，本期建设时应将母联、分段及母设间隔相关一、二次设备全部建成，以便减少后期扩建停电范围和时间。

11

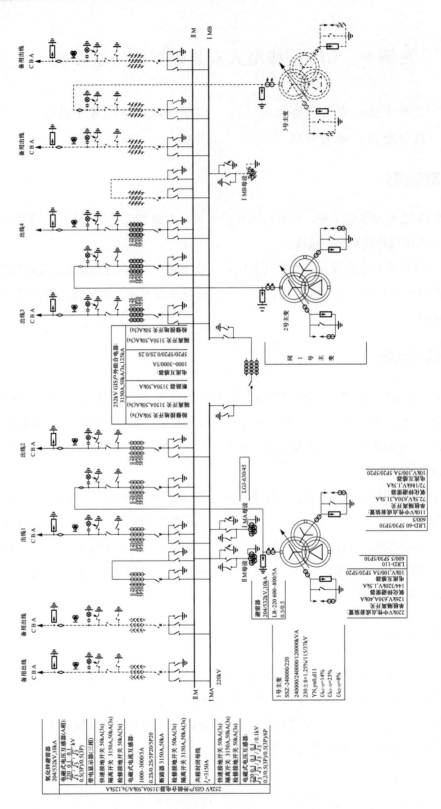

图1-4 原变电站220kV配电装置接线图

四、监督意见

技术监督人员要求建设单位和设计单位在可研阶段充分论证主接线方案，严格按照《国家电网有限公司关于印发十八项电网重大反事故措施（修订版）的通知》（国家电网设备〔2018〕979号）及规程规范要求设计，并充分考虑后期扩建影响，减少扩建停电范围和时间。

经技术监督后，本期建设时将母联、分段及母设间隔相关一、二次设备全部建成。

案例 7 GIS 布置型式未考虑重污秽影响

监督专业：电气设备性能　　　监督手段：查阅可研报告

监督阶段：规划可研　　　　　问题来源：项目前期

一、案例简介

某 220kV 变电站新建工程，站址位于正在规划建设的煤化工产业园，依据省内最新的电网污秽区分布图，处于 e 级污秽区。设计人员未考虑污秽区因素及全寿命周期成本，认为 220kV 全户内变电站造价较高，仅适用于城市中心地区，直接套用国家电网有限公司通用设计户外 GIS 布置方案，220kV 和 110kV 配电装置均采用户外 GIS 安装方式。原设计变电站电气总平面布置如图 1-4 所示。

二、监督依据

（1）《站用变压器全过程技术监督精益化管理实施细则（2020 版）》（规划可研阶段）第 1.1.2 条："1. 用于低温（年最低温度为−30℃及以下）、日温差超过 25K、重污秽 e 级或沿海 d 级地区、城市中心区、周边有重污染源（如钢厂、化工厂、水泥厂等）的 363kV 及以下 GIS，应采用户内安装方式。"

（2）《国家电网有限公司关于印发十八项电网重大反事故措施（修订版）的通知》（国家电网设备〔2018〕979 号）第 12.2.1.1 条："用于低温（年最低温度为−30℃及以下）、日温差超过 25K、重污秽 e 级或沿海 d 级地区、城市中心区、周边有重污染源（如钢厂、化工厂、水泥厂等）的 363kV 及以下 GIS，应采用户内安装方式，500kV 及以上 GIS 经充分论证后确定布置方式。"

三、案例分析

该变电站周边有重污染源（化工厂），当 GIS 采用户外安装，设备侵蚀加重，设备使用寿命变短。在恶劣外部环境中，设备故障概率增加，既不利于电网和设备的安全运行，又导致设备运维成本增加。同时，站址所处煤化工产业园区土地资源紧缺，原方案征地面积为 1.2362hm²，征地成本较高。

GIS 采用户内安装方式能有效减轻设备侵蚀，减小设备故障概率，提高设备安全运行能力。同时，全站征地面积降低为 1.03hm²，降低了征地成本，节约了土地资源。从全寿命周期成本考虑，GIS 采用户内安装方案更优。

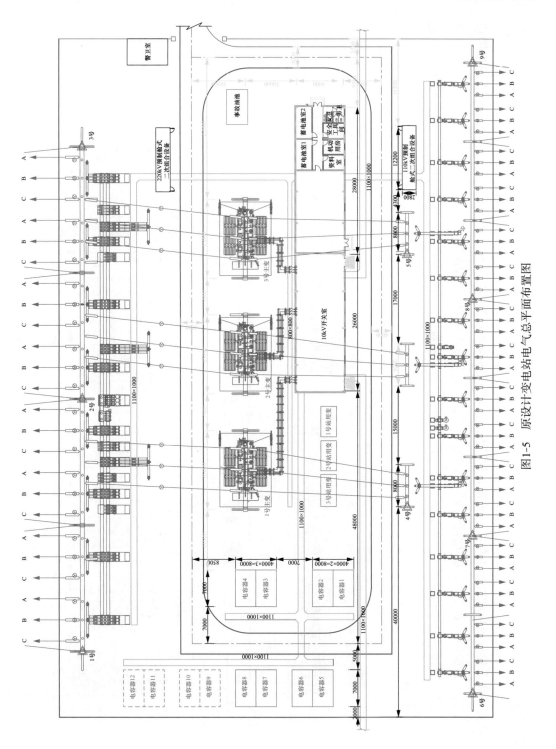

图1-5 原设计变电站电气总平面布置图

四、监督意见

技术监督人员要求建设单位和设计单位在站址论证阶段应充分重视污秽区对变电站建设方案的重大影响，注意分析站址周边环境，提高对重污染源设施的敏感性，避免出现因污秽问题导致设计方案重大变更，影响项目进度。

经技术监督后，设计单位将 GIS 由户外安装方式改为户内安装方式，重新选择国家电网有限公司通用设计方案，调整后变电站电气总平面布置如图 1-6 所示。

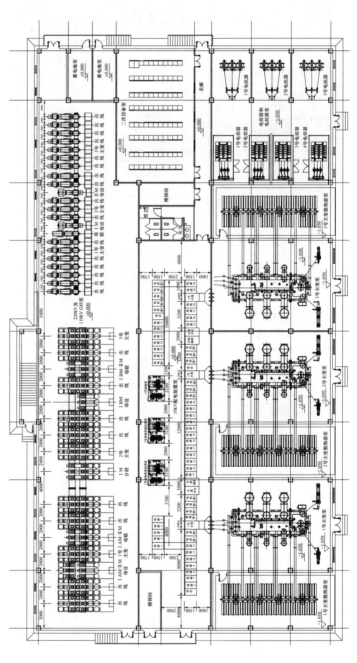

图1-6 调整后变电站电气总平面布置图

案例 8 GIS 未加装防爆膜

监督专业：电气设备性能　　监督手段：查阅施工图
监督阶段：工程设计　　　　问题来源：施工图设计

一、案例简介

某 110kV 变电站新建工程，110kV 配电装置采用户外 GIS 型式，GIS 设备未加装防爆膜（即压力释放装置）。

二、监督依据

《国家电网有限公司关于印发十八项电网重大反事故措施（修订版）的通知》（国家电网设备〔2018〕979 号）第 12.2.1.16 条："装配前应检查并确认防爆膜是否受外力损伤，装配时应保证防爆膜泄压方向正确、定位准确，防爆膜泄压挡板的结构和方向应避免在运行中积水、结冰、误碰。防爆膜喷口不应朝向巡视通道。"

三、案例分析

该工程因中标厂家生产工艺成本问题，GIS 未设置防爆膜，不满足《国家电网有限公司关于印发十八项电网重大反事故措施（修订版）的通知》（国家电网设备〔2018〕979 号）要求，一旦 GIS 气室内部发生故障，故障切除时间大于 2s 时，GIS 内部产生的压力值可能是壳体的最大耐受压力值的 2.2 倍。此时，如果没有通过防爆膜的破裂释放压力，可能会发生 GIS 气室爆炸事故，后果极其严重。

四、监督意见

技术监督人员要求建设单位和设计单位在工程设备招标阶段明确 GIS 气室加装防爆膜，并通过设计联络会对 GIS 厂商提出明确要求，同时核查所有已投运工程的 GIS 气室是否均加装防爆膜，如有未加装防爆膜的，将其纳入技术改造、大修等计划进行技术改造和升级，有效防止已投入运行的 GIS 故障时发生爆炸。

经技术监督后，该工程 GIS 厂家同意加装防爆膜，避免了后期运维阶段的风险。

案例 9　GIS 特殊回路断路器选型错误

监督专业：电气设备性能　　　监督手段：查阅施工图
监督阶段：工程设计　　　　　问题来源：施工图设计

一、案例简介

某 220kV 变电站新建工程，220kV 本期出线 4 回，终期出线 8 回，均采用双母线单分段接线。该变电站 220kV 配电装置采用户外 GIS 型式，母联及主变压器间隔断路器均采用三相电气联动，未选用三相机械联动设备。

二、监督依据

《国家电网有限公司关于印发十八项电网重大反事故措施（修订版）的通知》（国家电网设备〔2018〕979 号）第 12.1.1.7 条："新投的 252kV 母联（分段）、主变压器、高压电抗器断路器应选用三相机械联动设备。"

三、案例分析

本期新投的 252kV 母联（分段）、主变压器、高压电抗器断路器回路不允许非全相运行，应选用机械联动断路器有利于降低合闸涌流。若采用电气联动断路器需增加三相不一致保护，可靠性较差。

四、监督意见

技术监督人员要求建设单位和设计单位按照《国家电网有限公司关于印发十八项电网重大反事故措施（修订版）的通知》（国家电网设备〔2018〕979 号）规定执行，将母联及主变压器间隔断路器三相联动方式更改为三相机械联动。在设计过程中，应及时关注最新的相关文件要求，保证设备的稳定可靠性。

案例 10 水平旋转式隔离开关布置不满足电气距离要求

监督专业：电气设备性能　　　监督手段：查阅施工图
监督阶段：工程设计　　　　　问题来源：施工图设计

一、案例简介

某 110kV 变电站扩建工程，110kV 配电装置采用支持式管形母线中型布置，断路器单列布置，配电装置间隔宽度 8m。间隔内出线隔离开关选用双柱水平旋转式隔离开关，未考虑隔离开关打开状态下，带电侧刀臂至相邻间隔带电部分之间电气安全距离。

二、监督依据

《高压配电装置设计规范》（DL/T 5352—2018）表 5.1.2-1 中电气安全距离 D 值要求，中性点直接接地 110kV 系统中平行的不同时停电检修的无遮栏带电部分之间最小安全净距为 2900mm。

三、案例分析

该工程在待扩建间隔内原有一条二次电缆沟，建设位置靠近该间隔中间，且施工时变电站仍继续运行，不能对该电缆沟进行迁改。于是设计时将新上隔离开关中心定位向相邻间隔移动了 500mm，核实隔离开关一次接线端子至相邻间隔带电部分之间电气距离满足不小于 2900mm 的要求。但未考虑如果隔离开关在打开状态下，带电侧刀臂至相邻间隔带电部分之间电气距离将无法满足 2900mm 的要求，存在事故放电隐患，严重情况下还可能危及人身安全。原设计 110kV 配电装置布置如图 1-7 所示。

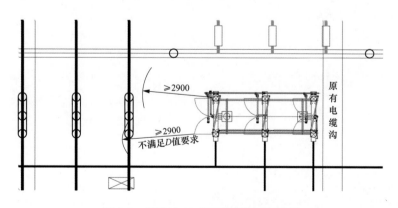

图 1-7　原设计 110kV 配电装置布置图

四、监督意见

技术监督人员要求设计单位在对水平旋转式隔离开关或"V"形旋转式隔离开关等电气设备布置时，应校核隔离开关打开状态下的电气安全距离。对于三相隔离开关，可采用优化隔离开关相间距、布置远离构架等方式避免此类问题。

经过技术监督，该工程采用适当缩小隔离开关相间距，同时缩小隔离开关支架根开距离的方案，将隔离开关中心定位尽量靠近电缆沟侧，使带电侧刀臂至相邻间隔带电部分之间电气距离能够满足 2900mm 的要求。

案例 11 垂直伸缩式隔离开关选型存在缺陷

监督专业：电气设备性能 　　监督手段：查阅施工图
监督阶段：工程设计 　　　　问题来源：施工图设计

一、案例简介

某 220kV 变电站新建工程，配电装置型式为 AIS（空气绝缘敞开式开关设备）。220kV 垂直伸缩式隔离开关触头座防雨罩为橡胶材质，易老化进水，造成隔离开关触指与导电杆之间连接部位传动轴锈蚀卡死，隔离开关无法分闸。

二、监督依据

（1）《隔离开关全过程技术监督精益化管理实施细则（2020 版）》（工程设计阶段）第 2.1.1 条："1. 不应选用存在未消除的家族性缺陷的设备。"

（2）《交流高压开关设备技术监督导则》（Q/GDW 11074—2013）第 5.2.3 条 e 款规定，禁止选用存在家族性缺陷的产品。

三、案例分析

变电站操作人员在对 220kV 垂直伸缩式隔离开关进行分闸操作过程中，发现隔离开关 A 相无法分闸，现场操作人员用绝缘拉杆强行将隔离开关拉开，拉开后 A 相触指没有张开，如图 1-8 所示。

经对隔离开关主导电部分进行分析，确定导致隔离开关无法分闸的原因主要是：

（1）隔离开关触头座防雨罩为橡胶材质，防雨罩与隔离开关动触头触指间采用防水胶密封，橡胶材料容易老化，造成防雨罩密封不严，隔离开关触头座内进水，由于隔离开关触头座内零部件为非不锈钢材料，进水后容易锈蚀卡涩，造成隔离开关触指与导电杆之间连接部位传动轴卡死，隔离开关无法分闸。

（2）触头座漏水孔设计不合理（见图 1-9）。厂家在设计时将触头座的漏水孔放在触头的中下部，无法将漏进触头座内的水完全排除，同时在严寒天气下，漏水孔处易结冰，将漏水孔封堵，漏水孔失去作用。

（3）触头座渗水造成隔离开关触指复位弹簧锈蚀严重，弹簧弹力不足，导致隔离开关无法正常分闸。

强行将隔离开关拉开后，A相触指没有张开

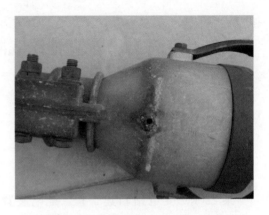

图 1-8 隔离开关强行拉开   图 1-9 触头座漏水孔设计不合理

四、监督意见

技术监督人员要求设计单位在工程设计中充分与运维部门沟通，了解设备现场实际运行状态，避免选择含有家族性缺陷的产品。

经技术监督后，设计单位与厂家沟通，厂家目前无法解决此类家族性缺陷问题，推荐使用双臂剪刀式垂直伸缩隔离开关，如图 1-10 所示。

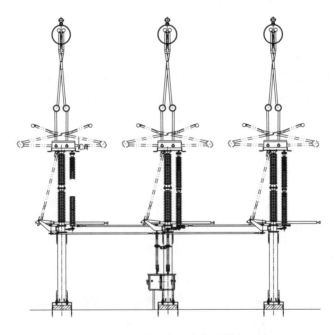

图 1-10 双臂剪刀式垂直伸缩隔离开关

案例 12　垂直伸缩式隔离开关布置不满足电气距离要求

监督专业：电气设备性能　　监督手段：查阅施工图
监督阶段：工程设计　　　　问题来源：施工图设计

一、案例简介

某 220kV 变电站 220kV 侧线路前期已上 2 回，采用单母线接线。该期工程扩建 2 回 220kV 出线间隔，接线型式完善为双母线接线。终期 220kV 出线 8 回，采用双母线单分段接线。

前期分段间隔设计采用垂直伸缩式隔离开关，在施工图设计阶段审核厂家资料发现，隔离开关分闸状态下动静触头安全距离小于配电装置的最小安全净距 B_1 值（直接接地系统 220kV 的 B_1 值为 2550mm）。垂直伸缩式隔离开关如图 1-11 所示。

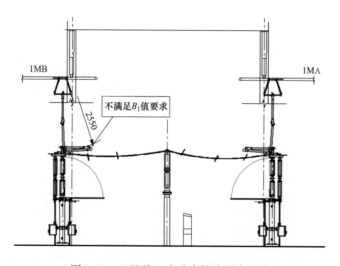

图 1-11　双臂剪刀式垂直伸缩隔离开关

二、监督依据

（1）《隔离开关全过程技术监督精益化管理实施细则（2020 版）》（工程设计阶段）第 2.1.6 条："单柱垂直开启式隔离开关在分闸状态下，动静触头最小安全距离不应小于配电装置的最小安全净距 B_1 值。"

（2）《导体和电器选择设计技术规定》（DL/T 5222—2005）第 11.0.7 条："单柱垂直开启式隔离开关在分闸状态下，动静触头间的最小电气距离不应小于配电装置的最小

安全净距 B 值。"

三、案例分析

设计单位对于厂家资料把关不严，对相关设计规范理解不够透彻。在分闸状态下检修时，单柱垂直开启式隔离开关的安全净距应满足交叉不同时停电检修的要求，因此，要求动静触头间的最小电气距离不应小于配电装置的最小安全净距 B_1 值。

四、监督意见

技术监督人员要求设计单位严格审核厂家提供的设备图纸资料，保障设备性能、尺寸参数满足安全规范要求，避免遗留严重的运行安全隐患。

经技术监督后，设计单位与厂家协调沟通，降低隔离开关支架高度，使动静触头间的最小电气距离满足配电装置的最小安全净距要求。

案例 13　中性点成套装置布置不满足至道路安全距离要求

监督专业：电气设备性能　　　监督手段：查阅施工图
监督阶段：工程设计　　　　　问题来源：施工图设计

一、案例简介

某 110kV 变电站新建工程采用户外 GIS 设备。在进行电气总平面布置时，设计单位未考虑道路转弯处电气设备带电部分至道路的安全距离校验，导致主变压器中性点成套装置对道路进行安全距离校验不满足 B_1 值要求。原设计主变压器平面布置如图 1-12 所示。

二、监督依据

《高压配电装置设计规范》（DL/T 5352—2018）中表 5.1.2-1 中电气安全距离 B_1 值要求规定了，66kV 设备外廓至无遮栏带电部分之间最小安全距离为 1400mm。

三、案例分析

在设计工作中，设计人员按照 2 号主变压器中性点成套装置对道路安全距离 B_1 值进行校验满足要求，误以为 1 号主变压器中性点成套装置对道路安全距离 B_1 值校验也满足要求。由于 1 号主变压器中性点成套装置处需要设置道路转弯半径，导致 1 号主变压器中性点成套装置对道路安全距离 B_1 值进行校验不满足要求，需要特殊设计以满足要求。设计方案存在放电隐患，甚至还可能危及人身安全。

四、监督意见

技术监督人员要求设计人员在进行电气总平面布置时，应特别注意在道路转弯处电气设备带电部分至道路的安全距离校验，避免此类问题发生。

经技术监督后，设计单位将主变压器中性点成套装置整体旋转安装，以达到满足安全距离要求，调整后主变压器平面布置如图 1-13 所示。

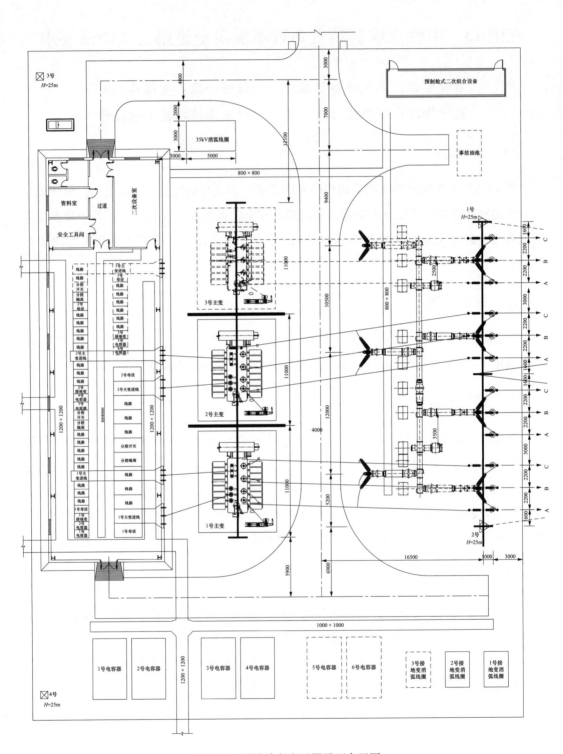

图 1-12　原设计主变压器平面布置图

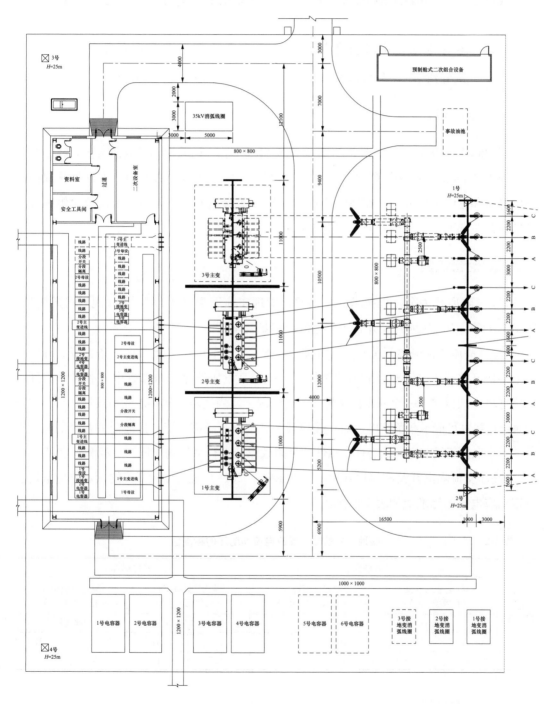

图 1-13　调整后主变压器平面布置图

案例 14　同塔双回长线路两侧线路侧接地开关选型错误

监督专业：电气设备性能　　　　监督手段：查阅初设报告

监督阶段：工程设计　　　　　　问题来源：工程前期

一、案例简介

某 220kV 变电站新建工程，当期 220kV 出线中有 2 回采用同塔双回架设，线路路径长度约为 27.3km，线路极限输送容量为 650MW。原初步设计方案中，未计算该双回路感应电流和感应电压大小，在站内按常规配置 A 类接地开关；同时，未校核对侧间隔前期接地开关选型是否满足开断感应电流要求。

二、监督依据

（1）《隔离开关全过程技术监督精益化管理实施细则（2020 版）》（规划可研阶段）第 1.1.1 条："8. 接地开关开合感应电流应满足要求。"

（2）《高压交流隔离开关和接地开关》（GB 1985—2014）第 8.102.6 条："72.5kV 及以上接地开关感应电流开合能力的选择：……在高电压线路杆塔布置中，有时采用同一线路杆塔上架设多于一个系统的布置。在此情况下，当线路一侧接地或不接地，另一线路与系统连接并可能承载负荷电流时，接地开关必须开合感应电流。接地开关开合的感应电流的大小取决于线路之间的容性、感性耦合因数以及平行系统的电压、负载和长度。"

《高压交流隔离开关和接地开关》（GB 1985—2014）规定接地开关的额定感应电流和额定感应电压的标准值如表 1-2 所示。

表 1-2　　　　　　　　　接地开关的额定感应电流和电压的标准值

额定电压 U_r (kV)	电磁耦合				静电耦合			
	额定感应电流（有效值）（A）		额定感应电压（有效值）（kV）		额定感应电流（有效值）（A）		额定感应电压（有效值）（kV）	
	类别		类别		类别		类别	
	A	B	A	B	A	B	A	B
252	80	160	1.4	15	1.25	10	5	15

三、案例分析

在两条或多条共塔或邻近运行布置的架空输电线中，当某一回或几回线路停电检修后，由于检修线路与相邻带电线路间较强的静电感应及电磁感应作用，将在停运线路上产生较大的感应电压（电磁感应和静电感应）和感应电流（电磁感应和静电感应），对正在检修的工作人员的安全造成危害。线路侧接地开关应具备关合感应电流的能力，工程设计阶段需计算校核并且合理选型。

四、监督意见

在目前的电网建设中，为了节约走廊资源、增加单位输送量、降低建设投资，输电线路多数采用同塔双回、多回架设；特别是线路路径较长时，当其中一回线路检修其他线路正常运行时，检修线路可能出现较大的感应电流和感应电压，对线路侧接地开关开断感应电流的能力要求较高。技术监督人员要求建设单位和设计单位在规划设计阶段应计算校核线路侧接地开关开断感应电流的能力，避免后期运行阶段出现设备参数无法满足要求，影响电网和人身安全。

经技术监督后，设计单位补充了该双回路感应电流和感应电压计算书，在站内按常规配置 B 类接地开关，同时校核对侧间隔前期接地开关选型能够满足开合感应电流要求。

案例 15　管形母线直径选择错误

监督专业：电气设备性能　　　　监督手段：查阅初设报告
监督阶段：工程设计　　　　　　问题来源：工程前期

一、案例简介

某 220kV 变电站新建工程，220、110kV 配电装置均采用户外支持式管形母线中型布置。220kV 母线采用 6063G-φ120/φ110 型铝镁合金管形母线，110kV 母线采用 6063G-φ80/φ72 型铝镁合金管形母线。母线选型时仅计算母线载流量，未进行管形母线挠度校验，未对端部效应、微风振动采取措施。

二、监督依据

《高压配电装置设计规范》（DL/T 5352—2018）第 5.3.9 条规定，当采用管形母线时，110kV 及以上电压等级配电装置应考虑下列因素：支持式管形母线在无冰无风状态下的挠度不宜大于（0.5~1.0）倍的导体直径，悬吊式管形母线的挠度可放宽；采用支持式管形母线时还应分别对端部效应、微风振动及热胀冷缩采取措施。

三、案例分析

该站 110kV 母线通流容量不大，设计人员设计过程中仅根据 110kV 母线通流容量及管形母线载流量选取了 110kV 母线的规格，导致管形母线挠度不满足高压配电装置设计技术规程的要求。管形母线挠度太大，不但影响美观，而且易使母线结构受力不正常；且母线内未考虑阻尼线的配置，导致微风振动过大。

四、监督意见

技术监督人员要求设计人员在工程设计阶段，应根据相关规程规范要求，合理进行管形母线的选型计算，采取合适的管形母线规格，母线内增加阻尼线的配置。

经技术监督后，设计单位补充管形母线挠度计算书，220kV 母线规格修改为 6063G-φ130/φ116 型铝镁合金管形母线，110kV 母线规格修改为 6063G-φ100/φ90 型铝镁合金管形母线，并配置阻尼线，满足规程规范要求。

案例 16 扩建工程未校验设备参数

监督专业：电气设备性能　　　　监督手段：查阅初设报告
监督阶段：工程设计　　　　　　问题来源：工程前期

一、案例简介

某 110kV 变电站前期工程已建 1 台 40MVA 主变压器；10kV 侧采用单母线接线，10 回出线；安装 1 组 3Mvar 和 1 组 6Mvar 并联补偿电容器接于 35kV Ⅰ 段母线。本期扩建 1 台 50MVA 主变压器；10kV 侧扩建为单母线分段接线，出线回路数不变；新增 1 组 3.6Mvar 和 1 组 4.8Mvar 并联补偿电容器接入 10kV Ⅱ 段母线。

设计将新增 1 号电容器利用原 10kV 创业园出线间隔，创业园出线调整至 10kV Ⅰ 段母线，在开关室内西侧新建 1 个出线间隔。原设计 10kV 开关室平面布置如图 1-14 所示。

二、监督依据

《并联电容器装置设计规范》（GB 50227— 2017）第 5.3.1 条规定了，用于并联电容器装置的断路器选型，应采用真空断路器或 SF$_6$ 断路器等适合于电容器组投切的设备。所选用断路器/负荷开关技术性能除应符合断路器/负荷开关共用技术要求外，尚应满足下列特殊要求：①应具备频繁操作的性能；②合、分时触头弹跳不应大于限定值；③投切开关开合容性电流能力应满足现行国家标准《高压交流断路器》GB/T 1984 中 C2 级断路器要求；④应能承受电容器组的关合涌流和工频短路电流，以及电容器高频涌流的联合作用。

出线保护与电容器保护原理和接线均不相同，电容器保护采用不平衡电压、低电压、过电压、过电流等保护功能，线路保护采用三段式过流保护功能。

三、案例分析

原设计方案采用出线柜作为本期扩建电容器开关柜，未考虑原出线开关柜是否能适应扩建要求，同时方案设计不符合规程规范要求。

并联电容器开关柜内断路器与出线断路器在过电压、开断电流要求、投切次数以及保护配置等方面均有差异，将出线柜作为电容器柜使用将不满足电容器工作性能要求，带来操作过电压、重击穿等安全隐患。

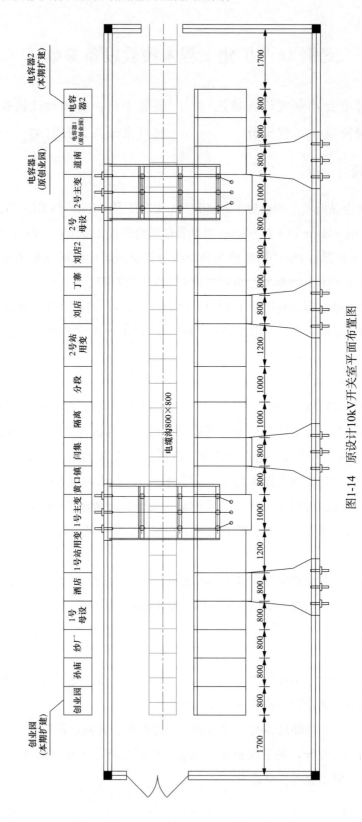

图1-14　原设计10kV开关室平面布置图

四、监督意见

技术监督人员建议本期将原创业园出线开关柜搬迁至 10kV Ⅰ段母线继续使用,在10kVⅡ段母线配置2面电容器开关柜,满足本期新配置2组电容器的接入需求。

对相似工程,建设单位和设计单位在改扩建工程规划设计阶段,应注意校核原有设备是否满足本期扩建要求。

案例 17　主变压器进线柜重复配置避雷器

监督专业：电气设备性能　　　监督手段：查阅可研报告

监督阶段：规划可研　　　　　问题来源：项目前期

一、案例简介

某 110kV 变电站新建工程，本期规模为 2 台 50MVA 主变压器，110kV 出线 2 回，35kV 出线 6 回，10kV 出线 16 回。终期规模为 3 台 50MVA 主变压器，110kV 出线 4 回，35kV 出线 6 回，10kV 出线 24 回。

经查阅变电站电气主接线图，发现在主变压器 10kV 侧、10kV 主变压器进线柜内同时配置了避雷器，为重复配置，原设计电气主接线如图 1-15 所示。

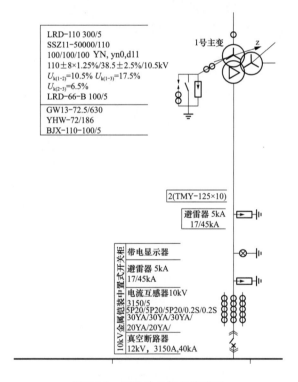

图 1-15　原设计电气主接线图

二、监督依据

（1）《开关柜全过程技术监督精益化管理实施细则（2020 版）》（工程设计阶段）第

2.1.1条："2. 主变压器中、低压侧进线避雷器不宜布置在进线开关柜内。"

（2）《国家电网有限公司关于印发十八项电网重大反事故措施（修订版）的通知》国家电网设备〔2018〕979号）第12.4.1.18条："空气绝缘开关柜应选用硅橡胶外套氧化锌避雷器。主变压器中、低压侧进线避雷器不宜布置在进线开关柜内。"

三、案例分析

变电站主变压器10kV侧已配置避雷器，经计算，10kV主变压器进线柜在主变压器10kV侧避雷器保护范围内，不需配置。

开关柜内安装避雷器，容易因避雷器故障造成开关柜损坏；主变压器中、低压侧进线避雷器不宜布置在进线开关柜内，宜安装在主变压器母线桥处。

四、监督意见

技术监督人员要求取消开关柜内避雷器，并在后续工程中不再配置。设计人员在规划可研阶段，应根据相关规范及反措要求，合理配置避雷器，避免出现错配、多配等情况。

案例 18　母设开关柜内避雷器连接错误

监督专业：电气设备性能　　　监督手段：查阅可研报告

监督阶段：规划可研　　　　　问题来源：项目前期

一、案例简介

某 110kV 变电站新建工程，当期规模为 2 台 50MVA 主变压器，110kV 出线 2 回，35kV 出线 6 回，10kV 出线 16 回。10kV 母设开关柜内避雷器未经隔离手车直接接到 10kV 母线上。原设计电气主接线如图 1-16 所示。

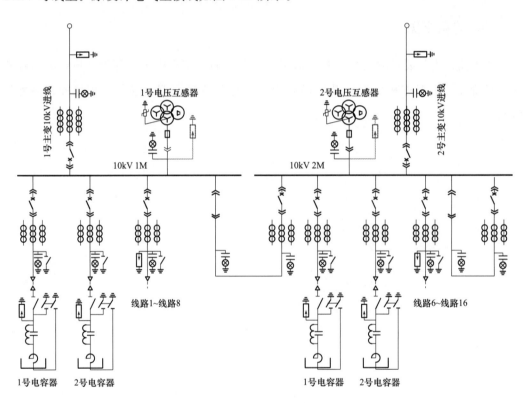

图 1-16　原设计电气主接线图

二、监督依据

《开关柜全过程技术监督精益化管理实施细则（2020 版）》（工程设计阶段）第 2.1.1 条："1. 开关柜内避雷器、电压互感器等设备应经隔离开关（或隔离手车）与母线相连，严禁与母线直接连接。"

三、案例分析

开关柜内避雷器直接接于母线，由于电压互感器（TV）与母线避雷器共处一个隔室，在隔离手车已退出情况下，运行人员会误认为避雷器、电压互感器均不带电，易发生误碰带电避雷器造成人身伤害的事故。

四、监督意见

技术监督人员要求避雷器等柜内设备应经隔离开关（或隔离手车）与母线相连，以便能便捷、安全的检修设备。

设计单位在设计主接线时，应结合相关规范及反措要求，综合考虑后期运维安全，严禁开关柜内避雷器直接接于母线。

案例 19 电容器组内避雷器布置错误

监督专业：电气设备性能　　　监督手段：查阅初设报告
监督阶段：工程设计　　　　　问题来源：工程前期

一、案例简介

某 110kV 变电站新建工程，当期规模为 2×50MVA 主变压器，110kV 出线 2 回，35kV 出线 6 回，10kV 出线 12 回；每台主变压器低压侧配置 2 组电容器，按 3.6Mvar、4.8Mvar 分组。

经查阅变电站电气主接线图，电容器组避雷器布置于电抗器前面，原设计电容器组接线如图 1-17 所示。

二、监督依据

《并联电容器装置设计规范》（GB 50227—2017）第 4.2.8 条规定，避雷器接入位置应紧靠电容器组电源侧，应采用相对地避雷器接线方式，如图 1-18 所示。

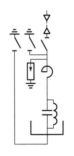

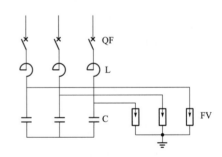

图 1-17　原设计电容器组接线图　　　　图 1-18　相对地避雷器接线图

三、案例分析

该工程电容器组避雷器布置于电抗器前面，不满足《并联电容器装置设计规范》（GB 50227—2017）第 4.2.8 条要求。出现该问题，主要是因为设计人员对规程规范相关条款不熟悉，严重危及电容器组的安全运行。

四、监督意见

技术监督人员要求设计单位按照《并联电容器装置设计规范》（GB 50227—2017）第 4.2.8 条要求，调整避雷器安装位置。

案例 20　电容器组电抗器之间不满足距离要求

监督专业：电气设备性能　　　监督手段：查阅施工图

监督阶段：工程设计　　　　　问题来源：施工图设计

一、案例简介

某 110kV 变电站新建工程，本期规模为 2×50MVA 主变压器，110kV 出线 2 回，35kV 出线 6 回，10kV 出线 12 回；每台主变压器低压侧配置 2 组电容器，按 3.6Mvar、4.8Mvar 分组。

电容器采用户外框架式成套装置，图纸中电抗器采用品字形布置，两组电抗器之间中心距离为 1703mm，超过电抗器直径的 1.7 倍，原设计电容器组平面布置如图 1-19 所示。

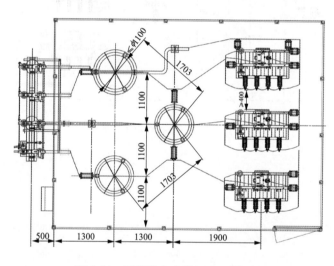

图 1-19　原设计电容器组平面布置图

二、监督依据

《并联电容器装置设计规范》（GB 50227—2017）第 8.3.3 条规定，电抗器相互之间的中心距离，不宜小于电抗器直径的 1.7 倍。

三、案例分析

从图 1-19 可知，电抗器外径为 1100mm，电抗器相互之间的中心距离应大于 1.7×1100＝1870mm，而实际有两组电抗器之间中心距离为 1703mm，不满足《并联电容器装置设计规范》（GB 50227—2017）第 8.3.3 条相关要求。

该问题的发生，主要是因为厂家设计人员对规程规范相关条款不熟悉，设计院设计人员在确认厂家资料没有认真核对，盲目认为厂家图纸设计没有问题。

四、监督意见

技术监督人员要求设计单位调整电抗器之间的中心距离，满足相关规程规范要求，调整后电容器组平面布置如图 1-20 所示。

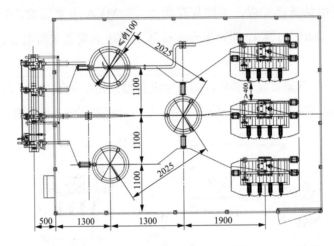

图 1-20　调整后电容器组平面布置图

案例 21　电容器组串联电抗器选型错误

监督专业：电气设备性能　　监督手段：查阅初设报告
监督阶段：工程设计　　　　问题来源：工程前期

一、案例简介

某 110kV 变电站新建工程，10kV 电容器组户内布置，采用户内框架式电容器成套装置，电容器组串联电抗器选用干式空心串联电抗器。

二、监督依据

《电容器全过程技术监督精益化管理实施细则（2020 版）》（工程设计阶段）第 2.1.5 条："2.35kV 及以下户内串联电抗器应选用干式铁心或油浸式电抗器。户外串联电抗器应优先选用干式空心电抗器，当户外现场安装环境受限而无法采用干式空心电抗器时，应选用油浸式电抗器。"

三、案例分析

干式空心电抗器的漏磁很大，如果安装在户内，导致周边构建筑物发热问题较多，还会对建筑物内的通信、继电保护设备产生很大的电磁干扰。因此，户内串联电抗器不应采用干式空心电抗器，建议配置干式铁心电抗器。

四、监督意见

技术监督人员要求选用干式铁心电抗器，当干式铁心电抗器选型无法满足户内大容量、高电压（66kV 及以上）电容器组配置要求时，可选用油浸式电抗器。

在工程设计阶段，应结合相关规范及反措要求，对户外、户内布置设备选型时区别对待，合理选择设备。

案例 22　电容器组电抗率选择未计算谐振容量

监督专业：电气设备性能　　　监督手段：查阅初设报告
监督阶段：工程设计　　　　　问题来源：工程前期

一、案例简介

某 220kV 变电站新建工程，本期规模为 2×180MVA 主变压器，35kV 出线 8 回。每台主变 35kV 侧安装 10Mvar 电容器 3 组。设计人员未进行谐振计算，仅凭经验选择 5% 电抗率，可能造成电容器谐振事故，严重影响电网安全运行。

二、监督依据

（1）《电容器全过程技术监督精益化管理实施细则（2020 版）》（工程设计阶段）第 2.1.5 条："1. 并联电容器用串联电抗器用于抑制谐波时，电抗率应根据并联电容器装置接入电网处的背景谐波含量的测量值选择。"

（2）《国家电网有限公司关于印发十八项电网重大反事故措施（修订版）的通知》（国家电网设备〔2018〕979 号）第 10.3.1.1 条："并联电容器用串联电抗器用于抑制谐波时，电抗率应根据并联电容器装置接入电网处的背景谐波含量的测量值选择，避免同谐波发生谐振或谐波过度放大。"

（3）《并联电容器装置设计规范》（GB 50227—2017）第 5.5.2 条："串联电抗器电抗率选择，应根据电网条件与电容器参数经相关计算分析确定，电抗率取值范围应符合下列规定：

1）仅用于限制涌流时，电抗率宜取 0.1%～1.0%；

2）用于抑制谐波时，电抗率应根据并联电容器装置接入电网处的背景谐波含量的测量值选择。当谐波为 5 次及以上时，电抗率宜取 4.5%～5%；当谐波为 3 次及以上时，电抗率宜取 12%，亦可采用 4.5%～5% 与 12% 两种电抗率混装方式。"

第 3.0.3 条规定，发生谐振的电容器容量，可按下式计算

$$Q_{cx} = S_d \left(\frac{1}{n^2} - K \right) \tag{1-1}$$

式中：Q_{cx} 为发生 n 次谐波谐振的电容器容量，MVA；S_d 为并联电容器装置安装处的母线短路容量，MVA；n 为谐波次数，即谐波频率与电网基波频率之比；K 为电抗率。

三、案例分析

原设计方案中，电容器组串联电抗器的电抗率直接凭经验选择 5％电抗率，未经谐振校验。

经技术监督人员计算，主变压器分列运行时发生谐振的电容器容量 Q_{cx} 为 9.93Mvar，接近电容器谐振点，可能造成电容器谐振事故，严重影响电网安全运行。

四、监督意见

技术监督人员要求设计单位将每台主变压器下其中 1 组电容器配置电抗率改为 12％。在工程设计阶段，设计单位应严格按照规程规范要求计算，根据计算结果合理选择电容器组串联电抗器的电抗率，避免同谐波发生谐振或谐波过度放大。

案例 23 消弧线圈配置未计算容量

监督专业：电气设备性能　　　监督手段：查阅可研报告
监督阶段：规划可研　　　　　问题来源：项目前期

一、案例简介

某 110kV 变电站新建工程，本期规模为 2×50MVA 主变压器，110kV 出线 2 回，35kV 出线 6 回，10kV 出线 16 回。终期规模为 3×50MVA 主变压器，110kV 出线 4 回，35kV 出线 6 回，10kV 出线 24 回。设计人员未计算线路电容电流，直接确定本期 10kV 安装 2 台消弧线圈，容量均为 315kVA。

二、监督依据

《交流电气装置的过电压保护和绝缘配合设计规范》（GB/T 50064—2014）第 3.1.3 条："35kV、66kV 系统和不直接连接发电机，由钢筋混凝土杆或金属杆塔的架空线路构成的 6kV～20kV 系统，当单相接地故障电容电流不大于 10A 时，可采用中性点不接地方式；当大于 10A 又需在接地故障条件下运行时，应采用中性点谐振接地方式。"

三、案例分析

在该工程可研阶段，设计人员未向当地供电部门收集该站出线架空线以及相关电缆长度的资料，未计算线路电容电流，仅凭经验按照以往方案给出错误的消弧线圈容量，可能导致配置容量偏小，易导致发生欠补偿运行风险。

设计单位需结合工程实际，以建设单位提供的低压侧架空、电缆出线长度作为计算依据，提供详尽的计算书，科学确定消弧线圈容量。

四、监督意见

技术监督人员要求设计人员进行收资，后经供电公司提供线路数据计算，$Q=KI_cU_n/\sqrt{3}=583$kVA，工程应配置容量为 630kVA 的消弧线圈。在后续工程中，严禁设计单位未经计算而仅凭经验直接确定消弧线圈容量。

案例 24　变电站线路侧未配置避雷器

监督专业：电气设备性能　　监督手段：查阅初设报告
监督阶段：工程设计　　　　问题来源：工程前期

一、案例简介

某 110kV 变电站扩建工程，110kV 线路经常处于热备用运行状态，且变电站已发生过雷电波侵入造成断路器等设备损坏事故，该站扩建时仍未考虑在线路侧加装氧化锌避雷器，原设计 110kV 配电装置平面布置如图 1-21 所示。

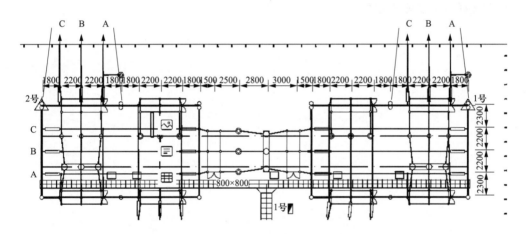

图 1-21　原设计 110kV 配电装置平面布置示意图

二、监督依据

《避雷器全过程技术监督精益化管理实施细则（2020 版）》（工程设计阶段）第 1.1.6 条："1. 对符合以下条件之一的变电站应在 110（66）～220kV 进出线间隔入口处加装金属氧化物避雷器：

（1）变电站所在地区年平均雷暴日大于等于 50 或者近 3 年雷电监测系统记录的平均落雷密度大于等于 3.5 次/(km² · 年)；

（2）变电站 110（66）～220kV 进出线路走廊在距变电站 15km 范围内穿越雷电活动频繁平均雷暴日数大于等于 40 日或近 3 年雷电监测系统记录的平均落雷密度大于等于 2.8 次/(km² · 年) 的丘陵或山区；

（3）变电站已发生过雷电波侵入造成断路器等设备损坏；

（4）经常处于热备用运行的线路。"

三、案例分析

设计人员未执行《国家电网有限公司关于印发十八项电网重大反事故措施（修订版）的通知》（国家电网设备〔2018〕979 号）的要求，没有根据工程实际情况配置线路侧避雷器，后期可能发生雷电侵入波损坏站内设备的隐患。

四、监督意见

技术监督人员要求设计人员在变电站 110kV 线路侧加装避雷器。在工程设计阶段，设计单位应充分收集工程相关资料，按照相关规范及反措等文件要求，根据工程实际情况合理选择避雷器配置方案。

案例 25　变压器母线未配置避雷器

监督专业：电气设备性能　　　　监督手段：查阅可研报告
监督阶段：规划可研　　　　　　问题来源：项目前期

一、案例简介

某 110kV 主变压器扩建工程，本期 110kV 侧出线 2 回，采用扩大内桥接线，线路侧均安装避雷器，未配置母线避雷器，原设计 110kV 配电装置平面布置如图 1-22 所示。

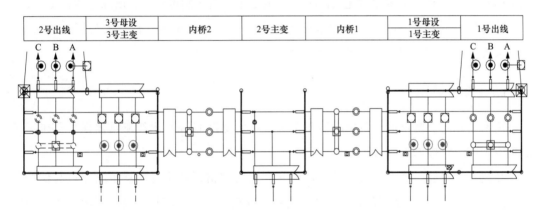

| 2号出线 | 3号母设 | 内桥2 | 2号主变 | 内桥1 | 1号母设 | 1号出线 |
| | 3号主变 | | | | 1号主变 | |

图 1-22　原设计 110kV 配电装置平面布置图

二、监督依据

《交流电气装置的过电压保护和绝缘配合设计规范》（GB/T 50064—2014）第 5.4.13.4 条规定，为防止雷击线路断路器跳闸后待重合闸时间内重复雷击引起变电站电气设备的损坏，多雷区及运行中已出现过此类事故的地区的 66～220kV 敞开式变电站和电压范围 II（$U_{\mathrm{m}} > 252\mathrm{kV}$）变电站的 66～220kV 侧，线路断路器的线路侧宜安装 MOA（金属氧化物避雷器）；

第 5.4.13.6 条规定，具有架空进线的 35kV 及以上发电厂和变电站敞开式高压配电装置中避雷器的配置应符合下列要求：35kV 及以上装有标准绝缘水平的设备和标准特性避雷器且高压配电装置采用单母线、双母线或分段的电气主接线时，避雷器可仅安装在母线上。避雷器至主变压器的最大距离可按表 1-3 确定。对其他设备的最大距离可相应增加 35％。避雷器与主被保护设备的最大电气距离超过规定值时，可在主变压器附近增设一组避雷器。

表 1-3 避雷器至主变压器间的最大电气距离

系统标称电压（kV）	进线长度（km）	进线路数（m）			
		1	2	3	≥4
110	2.0	125	170	205	230

三、案例分析

根据站址处落雷密度，该变电站 110kV 侧需设置线路侧避雷器。本期 110kV 出线回路较少，需校验避雷器的保护范围，应满足《交流电气装置的过电压保护和绝缘配合设计规范》（GB/T 50064—2014）。如经计算不满足规范，当其中 1 回线路如 I 线处于检修或备用状态时，II 线避雷器将无法保护 1 号主变压器高压侧设备，需增加母线避雷器。

防雷保护范围不够可能造成雷电侵入波引起电网跳闸事故。设计人员因麻痹大意、疏忽未校验 110kV 母线是否在保护范围内，并可能造成工程的漏项。

四、监督意见

技术监督人员要求设计单位应根据表 1-3 补充校验 110kV 出线避雷器保护范围（考虑其中 1 回线路检修工况）。

经技术监督后，经设计人员校验，110kV 出线避雷器至主变压器距离超过其保护范围，需要增加 110kV 母线避雷器。对出线回路数较少、母线较长的高压配电装置，应特别注意校核避雷器的保护范围，一旦超过其保护范围，应及时增加避雷器。

案例 26　电缆出线转架空连接处未配置避雷器

监督专业：电气设备性能　　监督手段：查阅初设报告
监督阶段：工程设计　　　　问题来源：工程前期

一、案例简介

某 220kV 变电站新建工程，220、110kV 配电装置均采用户内 GIS 布置，利用电缆出变电站后即转架空出线。在电缆段与架空线路的连接处未配置避雷器，可能会发生雷电侵入波过电压事故。

二、监督依据

（1）《交流金属氧化物避雷器技术监督导则》（Q/GDW 11079—2013）第 5.2.3.1 条规定，在 110kV 电缆出线转架空连接处设置避雷器，在 110kV 出线间隔内设置避雷器。

（2）《交流电气装置的过电压保护和绝缘配合设计规范》（GB/T 50064—2014）第 5.4.14.2 条规定，66kV 及以上进线有电缆段的 GIS 变电站的雷电侵入波过电压保护应符合下列要求：在电缆段与架空线路的连接处应装设避雷器，其接地端应与电缆的金属外皮连接。

三、案例分析

在电缆段与架空线路的连接处未配置避雷器可能会发生雷电侵入波过电压事故，影响站内设备和人身安全。在工程设计阶段出现上述问题，主要是由于设计人员对过电压保护理解不足，认为 110kV 出线间隔内已安装避雷器，不需在电缆转架空处重复配置。

四、监督意见

技术监督人员要求设计单位在 110kV 电缆出线转架空连接处配置氧化锌避雷器，并严格执行规范，视避雷器保护范围取消 110kV 出线间隔内避雷器。

案例 27　接地设计方案依据不足

监督专业：电气设备性能　　　　监督手段：查阅可研报告
监督阶段：规划可研　　　　　　问题来源：项目前期

一、案例简介

某 110kV 变电站新建工程，110kV 配电装置采用户外 AIS 设备；35kV 及 10kV 配电装置均采用户内金属铠装开关柜布置。初设阶段未实际勘测土壤电阻率值，亦未计算接触电压、跨步电压，直接采用设置深井接地极方式作为降阻措施，计列 4 口 50m 接地深井的费用。

二、监督依据

（1）《接地网全过程技术监督精益化管理实施细则（2020 版）》（规划可研阶段）第 1.1.1 条："对于高土壤电阻率地区的接地网，应采用有效的降阻措施，在接地阻抗难以满足要求时，应采用完善的均压及隔离措施，对弱电设备应有完善的隔离或限压措施。"

（2）《国家电网有限公司关于印发十八项电网重大反事故措施（修订版）的通知》（国家电网设备〔2018〕979 号）第 14.1.1.9 条："对于高土壤电阻率地区的接地网，在接地阻抗难以满足要求时，应采用有效的均压及隔离措施，防止人身及设备事故，方可投入运行。对弱电设备应采取有效的隔离或限压措施，防止接地故障时地电位的升高造成设备损坏。"

三、案例分析

土壤电阻率直接影响到站内接地方案，原设计方案未进行实际勘测直接估列 4 口接地深井。应在可研阶段明确站址土壤电阻率和腐蚀性情况，进行接地计算后说明接地材料的选择、接地装置设计技术原则及接触电压、跨步电压情况，需要采取特殊降阻措施时应详细说明并进行接地方案技术经济比较。

可研阶段应重视接地设计，将避免不合理的方案引起工程反复，影响工程建设周期，造成投资浪费。

四、监督意见

技术监督人员要求勘察设计单位进行现场实际勘测，测量站址土壤电阻率，补充计算接地电阻、接触电压、跨步电压，若不满足要求，应合理选择降阻措施。

经计算，该站土壤电阻率较低，接地电阻、接触电压、跨步电压均满足要求，采取敷设以水平接地极为主的人工接地网，接地网材料采用镀锌扁钢。应取消接地深井，无须计列降阻费用。

案例 28　接地降阻方案设计不合理

监督专业：电气设备性能　　　监督手段：查阅初设报告
监督阶段：工程设计　　　　　问题来源：工程前期

一、案例简介

某 110kV 变电站工程站址表层土壤电阻率约为 $500\Omega \cdot m$，设计单位采用碎石地面和均压带方案，降阻方案不具体、不合理，无法保证变电站接地电阻满足规程要求。

二、监督依据

《国家电网有限公司关于印发十八项电网重大反事故措施（修订版）的通知》（国家电网设备〔2018〕979 号）第 14.1.1.2 条："对于 110（66）kV 及以上电压等级新建、改建变电站，在中性或酸性土壤地区，接地装置选用热镀锌钢为宜，在强碱性土壤地区或者其站址土壤和地下水条件会引起钢质材料严重腐蚀的中性土壤地区，宜采用铜质、铜覆钢（铜层厚度不小于 0.25mm）或者其他具有防腐性能材质的接地网。对于室内变电站及地下变电站应采用铜质材料的接地网。"

第 14.1.1.9 条："对于高土壤电阻率地区的接地网，在接地阻抗难以满足要求时，应采取有效的均压及隔离措施，防止人身及设备事故，方可投入运行。对弱电设备应采取有效的隔离或限压措施，防止接地故障时地电位的升高造成设备损坏。"

三、案例分析

设计单位未按工程实际情况设计接地方案，直接参照以往常规土壤电阻率的降阻方案，可能导致接地电阻、接触电压、跨步电压不满足相关规范要求，存在安全隐患。

设计单位应按照实地勘测结果计算接地电阻，校验接触电压、跨步电压。当不满足要求时，需结合计算结果优化确定降阻措施，细化降阻费用，保证变电站在高土壤电阻率环境的接地安全。合理选择接地方案，将避免不合理的方案引起工程反复，影响工程建设周期，造成投资浪费。

四、监督意见

技术监督人员要求设计单位在工程设计阶段加强勘测深度，根据工程实际情况设计接地方案。经计算，该站入地电流为 3855A，接地电阻为 5.95Ω，接地电阻不能满足小

于 4Ω 的要求。采用增加 4 口 50m 深的深井接地极的降阻方案后，该变电站接地电阻为 2.20Ω，最大跨步电压为 63.6V，最大接触电压为 816.7V。最大跨步电压满足小于跨步电压允许值要求，最大接触电压不满足接触电压允许值要求，需在设备基础周围、维护通道、巡视通道、户外操作位置周围采取敷设均压或绝缘地坪措施，以保障运行维护人员的安全。

案例 29　接地材料选择不合理

监督专业：电气设备性能　　　监督手段：查阅初设报告
监督阶段：工程设计　　　　　问题来源：工程前期

一、案例简介

某 110kV 变电站新建工程，经过地质勘察，该站址位于强碱性土壤地区。在设计阶段，主接地材料选用 60mm×8mm 热镀锌扁钢。

二、监督依据

《接地网全过程技术监督精益化管理实施细则（2020 版）》（工程设计阶段）第 2.1.5 条："3. 在材料选择上，对于 110(66)kV 及以上电压等级新建、改建变电站，在中性或酸性土壤地区，接地装置宜选用热镀锌钢，在强碱性土壤地区或者其站址土壤和地下水条件会引起钢质材料严重腐蚀的中性土壤地区，宜采用铜质、铜覆钢（铜层厚度不小于 0.25mm）或者其他具有防腐性能材质的接地网。对于室内变电站及地下变电站应采用铜质材料的接地网。"

三、案例分析

设计人员在设计过程中，仅根据土壤电阻率数据及过往设计经验选用热镀锌扁钢作为主接地网材料，并未考虑在强碱性土壤地区或者其站址土壤和地下水条件会引起钢质材料严重腐蚀的中性土壤地区，热镀锌扁钢容易腐蚀，影响接地网寿命。

四、监督意见

技术监督人员要求设计单位在设计工程接地网时，除考虑常规接地要求外，还需考虑站址土壤和地下水条件对接地网的影响。在强碱性土壤地区或者其站址土壤和地下水条件会引起钢质材料严重腐蚀的中性土壤地区，宜采用铜质、铜覆钢（铜层厚度不小于 0.8mm）或者其他具有防腐性能材质的接地网。

案例 30　蓄电池组未设抗震加固措施

监督专业：电气设备性能　　　监督手段：查阅施工图
监督阶段：工程设计　　　　　问题来源：施工图设计

一、案例简介

某 220kV 变电站新建工程，设计人员仍按照常规工程设计安装蓄电池组。该站站址所在地区的基本地震烈度为 7 度。

二、监督依据

（1）《直流电源全过程技术监督精益化管理实施细则（2020 版）》（工程设计阶段）第 2.1.9 条："1. 蓄电池室应满足标准中专用蓄电池室的通用要求。"

（2）《电力工程直流电源系统设计技术规程》（DL/T 5044—2014）第 8.1.5 条规定，基本地震烈度为 7 度及以上地区，蓄电池组应有抗震加固措施。

（3）《电力设施抗震设计规范》（GB 50260—2013）第 6.7.1 条："抗震设防烈度为 7 度及以上的电力设施的安装设计应符合本节要求。"

第 6.7.7 条规定：①蓄电池安装应装设抗震架。②蓄电池在组架间的连线宜采用软导线或电缆连接，端电池宜采用电缆作为引下线。

三、案例分析

在工程设计阶段出现上述问题，主要是设计人员对规程规范学习不全面，对全过程技术监督实施细则掌握不足，未综合考虑各方面因素，在地震烈度为 7 度及以上地区，未考虑抗震加固措施，带来安全隐患。

四、监督意见

技术监督人员要求设计单位在进行高地震设防烈度区变电站设计时，应特别重视对电力设施采取抗震加固措施，符合规程规范的相关要求。

案例 31　直流母线对地电压未接入故障录波装置

监督专业：保护与控制　　　监督手段：厂家资料确认
监督阶段：工程设计　　　　问题来源：工程前期

一、案例简介

某 110kV 变电站新建工程，本期安装 2 台 50MVA 主变压器，远期 3 台 50MVA 主变压器；110kV 出线本期 2 回，终期 4 回，采用单母线分段接线。全站配置 1 套 110kV 数字化故障录波装置，110kV 线路和主变压器合用，配置 1 套交直流一体化电源系统。该工程配置的 110kV 故障录波装置不具备接入站用直流系统的各段母线对地电压功能。

二、监督依据

《国家电网有限公司关于印发十八项电网重大反事故措施（修订版）的通知》（国家电网设备〔2018〕979 号）第 15.1.20 条："变电站内的故障录波器应能对站用直流系统的各母线段（控制、保护）对地电压进行录波。"

三、问题分析

直流系统母线电压波动可能引起保护出口继电器误动或拒动。如果故障录波装置无法记录直流母线对地电压，当直流电压波动导致继电保护装置误动或拒动时，将难以查找确定故障原因，影响设备正常运行。记录直流电源对地电压，有利于对故障及继电保护动作原因的分析。

四、监督意见

技术监督人员要求设计人员与设备厂家明确故障录波器应具备站用直流系统的各母线段对地电压接入功能，并将直流对地电压接入故障录波装置，端子排接线如图 1-23 所示。故障录波器可靠记录站用直流系统的各母线段对地电压接入功能，有利于电网事故分析、处理，缩短事故处理时间，提高电网运行可靠性。在工程设计阶段，应严格按照反措及相关规程规范要求执行。

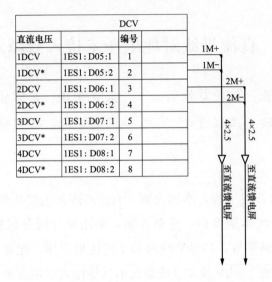

DCV		
直流电压		编号
1DCV	1ES1：D05：1	1
1DCV*	1ES1：D05：2	2
2DCV	1ES1：D06：1	3
2DCV*	1ES1：D06：2	4
3DCV	1ES1：D07：1	5
3DCV*	1ES1：D07：2	6
4DCV	1ES1：D08：1	7
4DCV*	1ES1：D08：2	8

图 1-23 各母线段对地电压接入故障录波器端子排接线图

案例 32　线路保护配置不合理

监督专业：保护与控制　　　监督手段：查阅初设报告

监督阶段：工程设计　　　　问题来源：工程前期

一、案例简介

某新建 110kV 输变电工程，该区域新能源并网较多，新建变电站（C 站）接入系统方案为将 A 站—B 站线路开断"π"入 C 站，将原 A 站—D 站 110kV 线路 D 站侧改"T"接至 A 站—C 站线路上，同时新建 A 站—D 站 110kV 线路；最终形成 A 站—D 站 1 回 110kV 线路，B 站—C 站 1 回 110kV 线路，C 站"T"接至 A 站—D 站 1 回 110kV 线路。

110kV 本期、远期均为单母线分段接线，远期 4 回出线，本期 2 回出线。110kV 线路保护配置方案为，C 站 110kV A 站出线间隔配置 1 套微机距离零序保护测控装置，110kV B 站出线间隔不配置线路保护。C 站接入前后系统接线如图 1-24 所示。

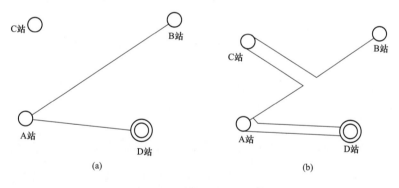

图 1-24　C 站接入前后系统接线示意图

（a）C 站接入前；（b）C 站接入后

二、监督依据

（1）《继电保护全过程技术监督精益化管理实施细则（2020 版）》（规划可研阶段）第 1.1.6 条："1. 110(66)kV 线路，根据系统要求需要快速切除故障及采用全线速动保护后，能够改善整个电网保护的性能时，应配置一套纵联保护，优先选用纵联电流差动保护。"

（2）《继电保护和安全自动装置技术规程》（GB/T 14285—2006）中第 4.6.1.1 条规定了，根据系统稳定要求有必要时，110kV 双侧电源线路应装设一套全线速动保护。

三、案例分析

原 A 站—D 站 110kV 线路两侧均已分别配置 1 套 CSC-163A 型和 CSC-163AC/E 型光纤电流差动保护装置，A 站—B 站 110kV 线路两侧均已配置 1 套 CSC-163A 型光纤差动保护装置。该工程直接按照 110kV 负荷变电站设计，至 220kV B 站未配置线路保护，由于工程所在地区存在较大容量光伏、风电等新能源并网，对地区系统稳定性问题突出，如忽略该因素而按照距离零序保护设计，将影响电网安全稳定运行。

四、监督意见

技术监督人员要求本期 C 站 110kV B 站出线配置 1 套光纤电流差动保护测控一体化装置，与 B 站侧配合使用；"T"接至 A 站—D 站 1 回 110kV 线路 C 站侧配置 1 套三端光纤差动保护测控一体化装置；220kV D 站、110kV A 站侧原光纤电流差动保护装置更换为三端光纤差动保护装置。在工程设计时应进行详细现场勘察，充分关注电网运行方式及周边电源接入情况，制订合理的保护配置方案。

案例 33　电容器保护配置不合理

监督专业：保护与控制　　　监督手段：查阅初设说明书

监督阶段：工程设计　　　　问题来源：工程前期

一、案例简介

某 220kV 变电站新建工程，本期安装 2 台 180MVA 主变压器，远期 3 台 180MVA 主变压器；每台主变压器 35kV 侧各装设 3 组 10Mvar 并联电容器；终期增加 2 组 10Mvar 电容器。电容器组均选用户外框架式电容器装置。电容器组采用多段串并联星形接线，电容器保护采用开口三角零序电压保护，如图 1-25 所示。

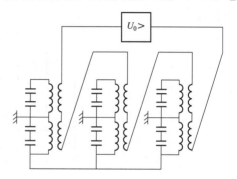

图 1-25　多段并联星形接线使用零序差压保护

二、监督依据

（1）《35kV～220kV 变电站无功补偿装置设计技术规定》（DL/T 5242—2010）第 9.5.4 条："并联电容器组内部故障，按照并联电容器组的不同接线方式，分别采用下列类型保护装置：①单星形接线的电容器组可采用开口三角零序电压保护。②多段串并联星形电容器组可采用桥式差电流保护或采用电压差动保护。③双星形接线的电容器组可采用中性点不平衡电流保护。"

（2）《并联电容器装置设计规范》（GB 50227—2017）第 6.1.2 条规定，高压并联电容器组均应设置不平衡保护，不平衡保护应满足可靠性和灵敏度要求，保护方式可根据电容器组接线选取。

三、案例分析

在工程初设阶段，变电一次专业设计人员进行电容器容量及接线选型，变电二次专业设计人员配置保护装置。由于两个专业设计人员之间未准确提供资料，电气二次专业设计人员未考虑电容器本体接线型式，将多段串并联星形接线的电容器保护配置为开口三角零序电压保护，导致保护类型与电容器本体一次接线不匹配，造成保护装置误动作或者拒动，对系统安全运行造成危害。

四、监督意见

技术监督人员要求电容器保护采用电压差动保护。在初设阶段，电气一次专业设计人员应在接线图中明确电容器的具体接线型式，电气二次专业设计人员应确认电容器一次选型情况后再配置相应保护，不同类型单星形电容器组保护原理接线分别如图 1-26～图 1-28 所示；施工图设计阶段，电气一次专业设计人员需在主接线图上明确电容器接线方式，电气二次专业设计人员应会签，严格按照相关规程规范要求进行设计。在工程设计中，应强化专业设计人员间提供资料的管理，促进专业配合，如系统与线路电气专业设计人员确定线路导线截面，变电一次与线路电气专业设计人员确定出线方向、间隔布置位置等。

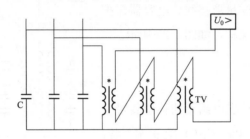

图 1-26　开口三角电压保护原理接线

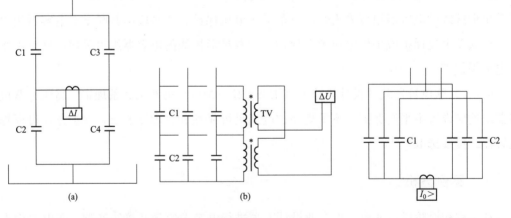

图 1-27　桥式差电流保护及相电压差动保护原理接线

（a）桥式差电流保护；（b）相电压差动保护

图 1-28　中性点不平衡电流
保护原理接线

案例 34 漏配备用电源自动投入装置

监督专业：保护与控制　　　　监督手段：查阅初设说明书
监督阶段：工程设计　　　　　问题来源：工程前期

一、案例简介

某 220kV 变电站新建工程，本期安装 1 台 180MVA 主变压器，远期 3 台 180MVA
主变压器，220kV 侧本期 4 回出线，110kV 侧当期 8 回出线（其中 1 回为 220kV 变电站
间联络线），10kV 侧 12 回出线。变电站主接线示意如图 1-29 所示。本期站内未配置备
用电源自动投入装置，当主变压器故障时部分重要负荷无法及时转移，影响供电可靠性。

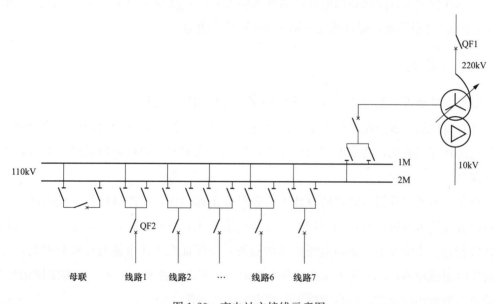

图 1-29　变电站主接线示意图

二、监督依据

（1）《继电保护和安全自动装置技术规程》（GB/T 14285—2006）第 5.3.1 条："在
下列情况下，应装设备用电源的自动投入装置（以下简称自动投入装置）：a）具有备用
电源的发电厂厂用电源和变电所所用电源；b）由双电源供电，其中一个电源经常断开作
为备用的电源；c）降压变电所内有备用变压器或有互为备用的电源；d）有备用机组的
某些重要辅机。"

（2）《35kV～750kV 输变电工程设计质量控制"一单一册"（2019 年版）》（基建技术〔2019〕20 号）中常见病目录 2-2 规定，备用电源自动投入装置配置方案应与调度运行方式匹配。

三、案例分析

该 220kV 变电站本期为单台主变压器运行，当主变压器发生故障时，4 回 110kV 及 6 回 10kV 出线负荷无法转移。为保障供电可靠性，调度部门对 220kV 变电站，单台主变压器提出安装备用电源自动投入装置的要求。110kV 系统进线备用电源自动投入功能要求如下：在正常运行状态下，110kV 出线 1（此为电源线路）的 QF2 断路器处于断开状态，当主变压器 220kV 侧的 QF1 断路器因故断开，备用电源自动投入装置检测满足备用电源自动投入条件（110kV 出线 1 线路有电压，110kV 母线无电压，且主变压器保护、110kV 母线保护等无闭锁备用电源自动投入信号）时，将自动合上 110kV 出线 1（电源线路）的 QF2 断路器，保证该变电站的 10kV 负荷供电。

四、监督意见

监督人员要求本站配置 1 套 110kV 备用电源自动投入装置。

针对仅投运单条线路单台主变压器具备重要负荷工程，在可研及初设阶段应充分征求调度运行部门意见，考虑电网运行方式，根据需求配置备用电源自动投入装置，防止设计漏项。

在备用电源自动投入装置的设计上，为保障正确动作，应严格执行《继电保护和安全自动装置技术规程》（GB/T 14285—2006）第 5.3.2 条的规定，自动投入装置的功能设计应符合：①除发电厂备用电源快速切换外，应保证在工作电源或设备断开后，才投入备用电源或设备；②工作电源或设备上的电压，不论何种原因消失，除有闭锁信号外，自动投入装置均应动作；③自动投入装置应保证只动作一次。

案例 35 保护电压切换回路与隔离开关位置输入不匹配

监督专业：保护与控制　　　监督手段：厂家资料确认
监督阶段：工程设计　　　　问题来源：工程前期

一、案例简介

某 220kV 变电站新建工程，本期安装 1 台 180MVA 主变压器，220kV 侧 4 回出线，采用双母线接线。主变压器、220kV 线路、220kV 母线等保护装置均采用双重化配置，220kV 电压切换采用双位置输入方式。

二、监督依据

《国家电网有限公司关于印发十八项电网重大反事故措施（修订版）的通知》（国家电网设备〔2018〕979 号）第 15.1.5 条："当保护采用双重化配置时，其电压切换箱（回路）隔离开关辅助触点应采用单位置输入方式。单套配置保护的电压切换箱（回路）隔离开关辅助触点应采用双位置输入方式。电压切换直流电源与对应保护装置直流电源取自同一段直流母线且共用直流空气开关。"

三、案例分析

保护双重化配置时，电压切换回路采用隔离开关双位置输入方式，在某些情况下导致电压互感器误并列，甚至发生二次反送电，对设备运行造成危害。

四、监督意见

技术监督人员要求 220kV 保护电压切换回路采用单位置输入方式，与厂家沟通修改相关产品设计资料。在变电站的设计联络会或与开关柜厂家确认隔离开关厂家资料时，应明确电压切换回路中隔离开关辅助触点输入要求。单位置输入电压切换接线示意图如图 1-30

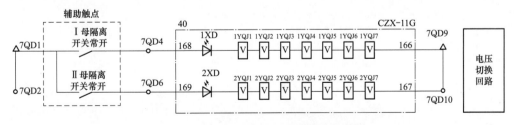

图 1-30 单位置输入电压切换接线示意图

所示，双位置输入电压切换接线示意图如图 1-31 所示。在工程设计阶段，变电二次专业设计人员应从安全性、合理性方面充分考虑，与设备厂家加强沟通交流，认真校核厂家图纸，严格按照相关规程规范要求，采用合理的设计方案进行设计。

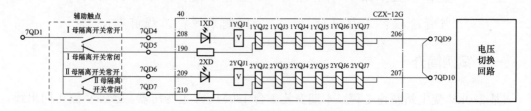

图 1-31　双位置输入电压切换接线示意图

案例36　交换机直接采用站用交流电源供电

监督专业：自动化　　　监督手段：查阅施工图
监督阶段：工程设计　　　问题来源：工程前期

一、案例简介

某新建的110kV智能变电站过程层组单星形网络，面向通用对象的变电站事件（generic object oriented substation event，GOOSE）、采样值（sampled value，SV）报文共网传输方式。110kV线路、主变压器等保护装置采用光缆直采直跳方式，间隔层二次设备的其他SV、GOOSE报文均通过过程层网络传输。该站配置6台过程层交换机，不单独组屏，分散布置在智能汇控柜及主变压器保护/测控屏等间隔层屏柜内。

该站装设1套交直流一体化电源系统，其中，直流系统配置直流馈电屏2面，直流充电屏1面，蓄电池屏3面（采用阀控式密封铅酸蓄电池，容量为200Ah），布置于二次设备室内。直流系统采用辐射型供电，110kV侧智能控制柜及主变压器本体智能控制柜直流电源取自二次设备室直流馈电屏。

该站配置的过程层交换机电源直接取自站用电交流电源。

二、监督依据

《国家电网有限公司关于印发十八项电网重大反事故措施（修订版）的通知》（国家电网设备〔2018〕979号）第15.1.21条："为保证继电保护相关辅助设备（如交换机、光电转换器等）的供电可靠性，宜采用直流电源供电。因硬件条件限制只能交流供电的，电源应取自站用不间断电源。"

三、案例分析

该变电站配置的过程层交换机电源直接取自站用电交流电源，未取自交流不间断电源。间隔层二次设备的众多SV、GOOSE报文均通过过程层网络传输，在全站交流系统发生失电时，过程层交换机将无法正常运行，会严重影响站内设备信息上送，影响主站端或运维班对于站内信息的判断，可能造成较大的电网安全事故。

四、监督意见

技术监督人员要求站内交换机由站用交流供电方式改为独立双回直流供电，增加供电可靠性。本案例涉及内容为《国家电网有限公司关于印发十八项电网重大反事故措施（修订版）的通知》（国家电网设备〔2018〕979号）要求，工程设计人员应及时更新学习领会相关规程规范、文件，切实保证每个细微的条款均能得到较好执行。

案例 37　末端负荷站 110kV 线路未配置测控装置

监督专业：自动化　　　　监督手段：查阅材料表

监督阶段：工程设计　　　　问题来源：工程前期

一、案例简介

某 110kV 变电站新建工程，本期安装 2 台 50MVA 主变压器，110kV 侧 2 回出线，采用双母线接线。根据系统专业意见，该站为末端负荷站，110kV 出线不配置线路保护装置。工程设计时，未考虑配置 110kV 线路测控装置。

二、监督依据

（1）《自动化（变电站）全过程技术监督精益化管理实施细则（2020 版）》（工程设计阶段）第 2.1.8 条："2. 安全 Ⅰ 区的设备包括一体化监控系统监控主机、Ⅰ 区数据通信网关机、数据服务器、操作员站、工程师工作站、保护装置、测控装置、PMU 等。"

（2）《智能变电站一体化监控系统建设技术规范》（Q/GDW 679—2011）第 6.1 条："智能变电站一体化监控系统由站控层、间隔层、过程层设备，以及网络和安全防护设备组成，各层设备主要包括：a）站控层设备包括监控主机、数据通信网关机、数据服务器、综合应用服务器、操作员站、工程师工作站、PMU 数据集中和计划管理终端等；b）间隔层设备包括继电保护装置、测控装置、故障录波装置、网络记录分析仪及稳控装置等；c）过程层设备包括合并单元、智能终端、智能组件等。"

三、案例分析

110kV 线路保护应根据系统要求，经稳定性计算后确定配置方案，为减少保护配置数量，节约工程造价，新建的 110kV 智能变电站均采用保护测控集成装置，材料由保护专业计列。部分新建站为末端负荷站，不考虑配置 110kV 线路保护时，需要自动化专业单独计列 110kV 线路测控装置，设计阶段如果未注意容易遗漏计列独立测控装置。

四、监督意见

技术监督人员要求该站 2 回 110kV 出线本期不配置线路保护装置，需配置 2 套独立线路测控装置。

在工程设计中，应仔细核对说明书与材料表，避免遗漏末端负荷站的 110kV 线路测控装置，应严格按照《智能变电站一体化监控系统建设技术规范》（Q/GDW 679—2011）及相关规程规范要求执行。

同时，在设计中也要注意避免遗漏以下设备，按照"安全分区、网络专用、横向隔离、纵向认证"的基本原则，配置变电站电力监控系统安全防护设备。结合调度数据网双平面建设要求，配置4台新一代纵向加密认证装置（用于安全Ⅰ区、安全Ⅱ区与调度中心的隔离）、1台硬件防火墙（用于站内安全Ⅰ区与安全Ⅱ区的横向隔离）。

此外，根据《国网北京经济技术研究院关于电力监控系统网络安全管理平台总体建设方案的评审意见》（经研咨〔2017〕712号）要求，为满足将网络安全感知和监测范围从网络边界扩展到服务器、工作站和网络设备等，实现网络安全防护体系从静态布防到动态管控的提升，需在厂站端配置网络安全监测装置1套。

《电能质量全过程技术监督精益化管理实施细则（2020版）》提出，牵引站、风电场、光伏电站建设项目接入电力系统规划设计阶段，应进行电能质量预测评估，并应配置电能质量监测装置。对于预测评估结论为"电能质量超标"的项目，评审意见中应要求采取电能质量控制措施。

案例38 电流互感器内绕组排列顺序设计不合理

监督专业：电气设备性能　　　监督手段：查阅初设说明书

监督阶段：工程设计　　　　　问题来源：工程前期

一、案例简介

某 110kV 变电站新建工程，建设规模及主接线方式如下：

（1）主变压器：远期 3×50MVA 主变压器，本期 2×50MVA 主变压器；

（2）110kV 出线：本、远期均为 2 回出线；

（3）电气主接线：110kV 本期为内桥接线，远期为扩大内桥接线，户外为 AIS 设备。

如图 1-32 所示，主接线图中的 110kV 出线、内桥间隔电流互感器（TA）绕组依次为 0.5、0.2S、10P20、10P20，保护绕组靠近母线侧，影响主变压器保护范围。

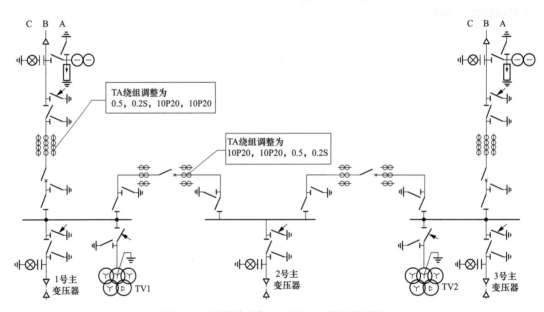

图 1-32　原设计方案 110kV 配电装置接线图

二、监督依据

（1）《电流互感器全过程技术监督精益化管理实施细则（2020 版）》（工程设计阶段）第 2.3.1 条："2. 保护用电流互感器的配置应避免出现主保护的死区。"

（2）《火力发电厂、变电站二次接线设计技术规程》（DL/T 5136—2012）第 5.4.2 条规定了，保护用电流互感器的配置应避免出现主保护的死区。

三、案例分析

按照原设计方案中线路和内桥间隔电流互感器保护绕组的排列方式，主变压器差动保护绕组靠近线路母线侧隔离开关，导致主变压器差动保护范围减小，保护死区范围扩大，继电保护装置拒动、误动的可能性增大，使主变压器运行安全存在较大隐患。

四、监督意见

技术监督人员要求调整 110kV 出线电流互感器绕组排列顺序，从线路侧到母线侧依次为 10P20、10P20、0.2S、0.2S。调整 110kV 内桥电流互感器绕组，依次为 10P20、0.2S、0.2S、10P20。调整后的 110kV 配电装置接线如图 1-33 所示。

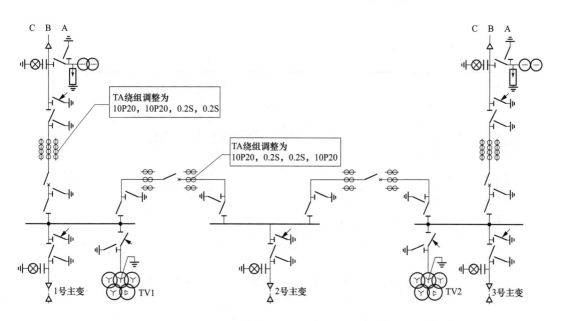

图 1-33　调整后的 110kV 配电装置接线图

在工程设计阶段，变电二次专业与继电保护专业设计人员应加强沟通合作，严格按照相关规程规范要求，充分重视电流互感器绕组排列顺序对保护范围的影响，合理优化设计方案，避免出现主保护死区，保障保护装置可靠动作。

案例 39　电流互感器保护级绕组位置不合理

监督专业：电气设备性能　　监督手段：查阅初设说明书
监督阶段：工程设计　　　　问题来源：工程前期

一、案例简介

某 110kV 变电站 35kV 开关柜更换改造工程，本期将 35kV Ⅰ段母线开关柜全部更换。主变压器进线柜电流互感器绕组排列顺序与出线柜排列顺序一致，主变压器进线柜靠近母线侧电流互感器绕组排列顺序依次为 0.2S、0.5、10P20、10P20，如图 1-34 所示。

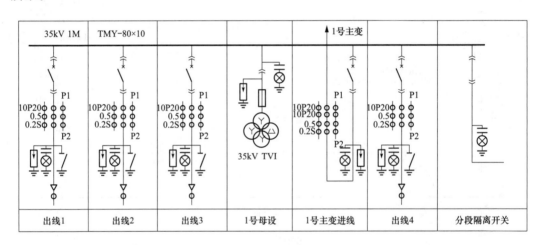

图 1-34　原设计方案 35kV 主变压器进线柜电流互感器绕组接线图

二、监督依据

（1）《电流互感器全过程技术监督精益化管理实施细则（2020 版）》（工程设计阶段）第 2.3.1 条："2. 保护用电流互感器的配置应避免出现主保护的死区。"

（2）《火力发电厂、变电站二次接线设计技术规程》（DL/T 5136—2012）第 5.4.2 条规定了，保护用电流互感器的配置应避免出现主保护的死区。

三、案例分析

按照原设计方案中主变压器进线电流互感器保护绕组排列方式，忽视了主变压器进线柜保护绕组靠近线路母线侧要求，导致主变压器差动保护范围减小，保护死区范围扩大，继电保护装置拒动、误动的可能性增大。

四、监督意见

监督人员要求调整主变压器进线柜电流互感器绕组方向，电流互感器绕组靠近母线侧依次为10P20、10P20、0.2S、0.2S。发现该问题时主变压器进线柜已生产，设备厂家在开关柜内调整电流互感器安装方向，同时也需要设计人员核实主变压器差动保护侧电流互感器A相和C相接线。调整后的绕组排列顺序如图1-35所示。

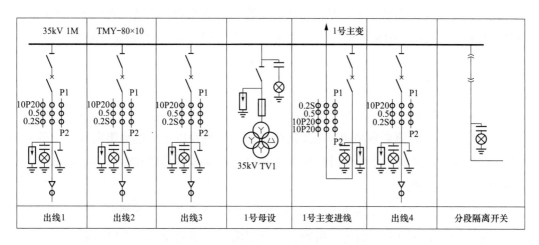

图 1-35　调整后 110kV 配电装置接线图

在工程设计阶段，变电二次专业设计人员应充分重视电流互感器绕组配置对保护范围的影响，严格按照相关规程规范要求，仔细核对电流互感器绕组排列顺序，合理优化设计方案，避免出现主保护死区，保障保护装置可靠动作。

案例 40 重要直流回路电缆防火不满足标准要求

监督专业：电气设备性能　　　监督手段：查阅电缆清册

监督阶段：工程设计　　　　　问题来源：工程前期

一、案例简介

某 110kV 变电站新建工程，站内消防、报警、应急照明、断路器直流电源等回路未采用耐火电缆，采用了阻燃电缆且未采取规定的耐火防护措施，存在安全隐患。

二、监督依据

（1）《直流电源全过程技术监督精益化管理实施细则（2020 版）》（工程设计阶段）第 2.1.10 条："3. 直流电源系统应采用阻燃电缆。两组及以上蓄电池组电缆，应分别铺设在各自独立的通道内，并尽量沿最短路径敷设。在穿越电缆竖井时，两组蓄电池电缆应分别加穿金属套管。"

（2）《电力工程电缆设计标准》（GB 50217—2018）第 7.0.7 条规定，在外部火势作用一定时间内需维持通电的消防、报警、应急照明、断路器操作直流电源和发电机组紧急停机的保安电源等重要回路，明敷的电缆应实施防火隔离或采用耐火电缆。

（3）《火灾自动报警系统设计规范》（GB 50116—2013）第 11.2.2 条："火灾自动报警系统的供电线路、消防联动控制线路应采用耐火铜芯电线电缆，报警总线、消防应急广播和消防专用电话等传输线路应采用阻燃或阻燃耐火电线电缆。"

三、案例分析

随着对消防要求的提高，为确保变电站的消防安全，预防火灾或减少火灾危害，重要回路电缆应按照规范要求选用耐火电缆。如果采用阻燃电缆，必须采取必要的防火隔离措施。

四、监督意见

按照技术监督意见，消防、报警、应急照明、断路器直流电源等回路采用耐火电缆，或者采用阻燃电缆并做好防火隔离。在工程设计阶段，应严格按照相关规程规范要求执行。在可研、初设阶段，核实材料表中电缆类型开列情况，同时在施工图电缆清册中进行二次确认。

　　同时，电缆消防部分应该满足以下要求，《国网基建部关于发布 35kV～750kV 变电站通用设计通信、消防部分修订成果的通知》（基建技术〔2019〕51 号）中"电缆及沟道消防：站用变压器与站用电室之间的电缆、两组及以上蓄电池组电缆、直流主屏至直流分电屏的电缆以及为变压器风冷装置等重要负荷供电的双电源回路电缆宜分沟敷设或敷设于同一电缆沟的不同侧，防止站用交直流系统和重要负荷同时失去。3.6kV 及以上动力电缆不宜与低压电缆共沟敷设。各类电缆同侧敷设时，动力电缆应在最上层，控制电缆在中间层，两者之间采用防火隔板隔离；通信电缆及光纤等敷设在最下层并放置在耐火槽盒内。"

案例 41　直流高频模块未配置独立进线断路器

监督专业：自动化　　　　监督手段：厂家资料确认
监督阶段：工程设计　　　　问题来源：工程前期

一、案例简介

某 110kV 变电站新建工程，该站采用的站用交直流一体化电源系统由站用交流电源、直流电源、交流不间断电源、直流变换电源及监控装置等组成。站用直流系统电压操作电源额定电压采用 220V，通信电源额定电压－48V。蓄电池容量选择满足全站交流电源事故停电 2h 计算，通信负荷按 4h 事故放电时间计算，装设 1 组阀控式密封铅酸蓄电池，容量为 500Ah，安装于独立的蓄电池室内。配置 1 套高频开关充电装置，模块数按（6＋1）×20A 配置。直流系统采用单母线接线，直流系统配置直流馈电屏 2 面，直流充电屏 1 面布置于二次设备室内。原设计方案中直流系统使用的高频模块未配置独立的进线断路器，如图 1-36 所示。

二、监督依据

（1）《国家电网有限公司关于印发十八项电网重大反事故措施（修订版）的通知》（国家电网设备〔2018〕979 号）第 5.3.1.14 条："直流高频模块和通信电源模块应加装独立进线断路器。"

（2）《电力工程直流电源系统设计技术规程》（DL/T 5044—2014）第 3.5.3 条："蓄电池组和充电装置应经隔离和保护电器接入直流电源系统。"

三、案例分析

按照厂家提供的原设计方案，多个高频模块共同使用一个进线断路器。为避免出现因单个整流模块故障导致整套电源上级交流输入断路器直接跳开，技术监督人员提出模块应具备独立断路器的要求，且模块的独立断路器应当与交流屏断路器做好上下级配合。

四、监督意见

技术监督人员要求明确高频模块使用独立的进线断路器，并确认型号及安装位置，如图 1-37 所示。在工程设计中，应仔细核对厂家提供的图纸资料，确保设备内部配置满足规程规范要求。

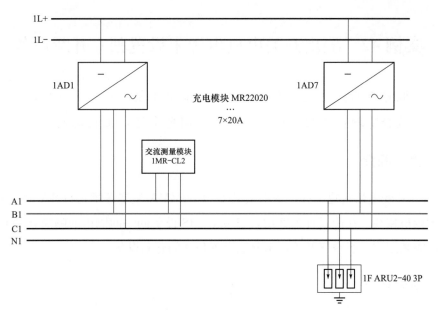

图 1-36 原设计方案接线示意图

因直流系统非正常运行造成变电站故障越级的事故时有发生，如 2016 年 6 月 8 日，某 330kV 变电站事故，因 35kV 电缆中间头爆炸，在综合自动化、直流系统改造过程中，改造更换后的两组新蓄电池未与直流母线导通（蓄电池与母线间隔离开关在断开位置）造成直流母线失压，全部保护级控制回路失去直流电源，造成故障越级，引起事故扩大，造成巨大经济和社会影响。因此，在工程设计时应高度重视直流系统的安全性、可靠性。

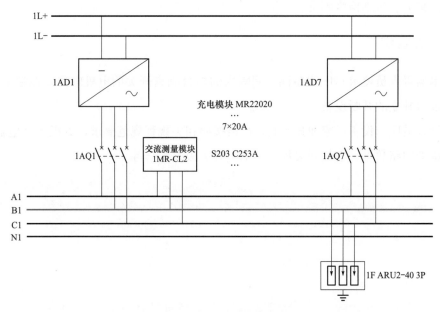

图 1-37 技术监督后接线示意图

案例 42　隔离开关电机电源未设置独立开断设备

监督专业：电气设备性能　　　监督手段：厂家资料确认
监督阶段：工程设计　　　　　问题来源：工程前期

一、案例简介

某 110kV 变电站新建工程，本期安装 2 台 50MVA 主变压器；110kV 侧 2 回出线，采用扩大内桥接线。在原设计方案中，110kV GIS 设备同一间隔内的隔离开关和接地开关电机电源采用同一组空气开关，未分别设置独立的开断设备。

二、监督依据

《交流高压开关设备技术监督导则》（Q/GDW 11074—2013）第 5.2.3 条："同一间隔内的多台隔离开关的电机电源，在端子箱内必须分别设置独立的开断设备。"

三、案例分析

GIS 组合设备同一间隔内隔离开关和接地开关的电机电源采用同一空气开关，当其中一台电机电源出现故障时，当其他空气开关均无法操作，故障电机无法停电检修，将造成事故扩大、运维检修困难。

四、监督意见

技术监督人员要求 GIS 设备同一间隔内的多台隔离开关的电机电源，在端子箱内必须分别设置独立的开断设备。

设计人员应与设备厂家加强沟通，严格按照相关规程规范要求，重视组合电器的交、直流电源的回路数量、空气开关数量、空气开关极差配合等。

案例43　220kV分相断路器未配置独立密度继电器

监督专业：电气设备性能　　　　监督手段：厂家资料确认

监督阶段：工程设计　　　　　　问题来源：工程前期

一、案例简介

某220kV变电站新建工程，220kV侧采用双母线接线，4回出线，220kV采用户外AIS设备，断路器采用SF_6瓷柱式单断口断路器，额定电流为4000A，开断电流为50kA。从厂家提供的220kV断路器控制原理图（见图1-38）中可以看出，220kV断路器三相共用同一个密度继电器，未分别配置独立的密度继电器。

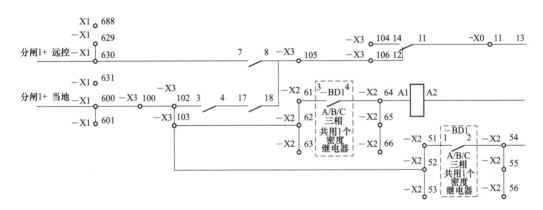

图1-38　220kV断路器控制原理图

二、监督依据

《国家电网有限公司关于印发十八项电网重大反事故措施（修订版）的通知》（国家电网设备〔2018〕979号）第12.1.1.3.3条："新安装252kV及以上断路器每相应安装独立的密度继电器。"

三、案例分析

根据统计，国内大部分地区220kV线路保护均采用单跳单重方式。原设计方案中220kV断路器三相共用一个密度继电器，当该继电器发生故障时，会影响线路三相分闸回路的正常运行，安全性、可靠性较差，某些情况下会造成线路保护越级跳闸，造成事故的扩大。

四、监督意见

技术监督人员要求设计人员应明确向断路器厂家提出 220kV 断路器三相配置独立的密度继电器。

断路器机构箱内二次回路作为完整二次回路的一部分,其直接作用于断路器跳、合闸,且机构频繁操作产生的振动力可能会影响继电器、二次接线的可靠性。基于此,对于新投运的分相弹簧机构断路器的防跳继电器、非全相继电器,《国家电网有限公司关于印发十八项电网重大反事故措施(修订版)的通知》(国家电网设备〔2018〕979 号)强调不应安装在机构箱内,应装在独立的汇控箱内。

案例 44 隔离开关电气闭锁回路未采用辅助触点

监督专业：电气设备性能 监督手段：厂家资料确认
监督阶段：工程设计 问题来源：工程前期

一、案例简介

某 110kV 变电站新建工程，110kV 侧采用户外 GIS 设备，110kV 线路 GIS 汇控柜内隔离开关辅助触点数量较少，电气闭锁回路采用重动继电器，未使用隔离开关的辅助触点。

二、监督依据

（1）《隔离开关全过程技术监督精益化管理实施细则（2020 版）》（工程设计阶段）第 2.1.2 条："4. 断路器、隔离开关和接地开关电气闭锁回路应直接使用断路器、隔离开关、接地开关的辅助触点，严禁使用重动继电器。"

（2）《国家电网有限公司关于印发十八项电网重大反事故措施（修订版）的通知》（国家电网设备〔2018〕979 号）第 4.2.7 条："断路器、隔离开关和接地开关电气闭锁回路应直接使用断路器、隔离开关、接地开关的辅助触点，严禁使用重动继电器"。

三、案例分析

重动继电器是靠触点扩展的继电器，闭锁装置靠本身装置所带的无源触点来实现的闭锁才可靠，采用重动继电器使得二次回路更加复杂，重动继电器本身的故障也会使得可靠性进一步降低。

四、监督意见

技术监督人员要求设计人员及时和设备厂家沟通，保证隔离开关辅助触点数量满足工程要求，调整电气闭锁回路直接用隔离开关的辅助触点，杜绝采用重动继电器。在工程设计阶段，应严格按照国家规范、行业规程、《国家电网有限公司关于印发十八项电网重大反事故措施（修订版）的通知》（国家电网设备〔2018〕979 号）、监督审查要点等实施。

案例 45　隔离开关操作回路未设置过载保护装置

监督专业：电气设备性能　　　监督手段：厂家资料确认
监督阶段：工程设计　　　　　问题来源：工程前期

一、案例简介

某 110kV 变电站新建工程，110kV 侧采用户外敞开式设备，隔离开关为水平旋转式，操动机构中电动机过载保护装置节点未串入隔离开关操作回路。

二、监督依据

《国家电网有限公司关于印发十八项电网重大反事故措施（修订版）的通知》（国家电网设备〔2018〕979 号）第 12.3.1.12 条："操动机构内应装设一套能可靠切断电动机电源的过载保护装置。电机电源消失时，控制回路应解除自保持。"

三、案例分析

按照隔离开关厂家提供的原操动机构图纸，电动机电源未配置过载保护装置或过载保护装置节点未串入隔离开关操作回路，导致电动操作不停闸造成设备损坏，或导致在某些情况下接触器未失磁，电动机电源隔离开关误动。

四、监督意见

技术监督人员要求在设计联络会上或在与厂家资料确认时，明确提出电动机电源需配置过载保护装置并将过载保护装置节点串入隔离开关操作回路，如图 1-39 所示（图中 KT 为热过载继电器）。在工程设计阶段，变电二次专业设计人员应严格按照《国家电网有限公司关于印发十八项电网重大反事故措施（修订版）的通知》（国家电网设备〔2018〕979 号）要求执行，合理优化设计方案。

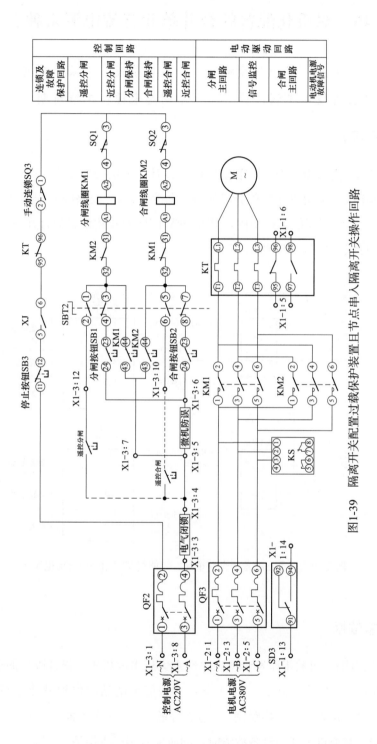

图1-39 隔离开关配置过载保护装置且节点串入隔离开关操作回路

案例 46　双重化配置的合并单元直流电源未独立配置

监督专业：保护与控制　　　　监督手段：厂家资料确认
监督阶段：工程设计　　　　　问题来源：工程前期

一、案例简介

某 220kV 变电站新建工程，按智能变电站设计，本期安装 2 台 180MVA 主变压器，220kV 侧 6 回出线，采用双母线单分段接线；每个 220kV 线路间隔配置 2 套合并单元、2 套智能终端，安装于智能汇控柜内，某 220kV 间隔双重化配置的合并单元装置电源来自同一段直流母线，如图 1-40 所示。

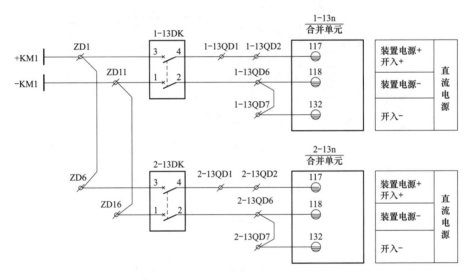

图 1-40　双重化配置的合并单元、智能终端共用一组直流电源

二、监督依据

《国家电网有限公司关于印发十八项电网重大反事故措施（修订版）的通知》（国家电网设备〔2018〕979 号）第 15.7.1.1 条："智能变电站的保护设计应坚持继电保护'四性'，遵循'直接采样、直接跳闸''独立分散''就地化布置'原则，应避免合并单元、智能终端、交换机等任一设备故障时，同时失去多套主保护。"

第 15.2.2.2 条："两套保护装置的直流电源应取自不同蓄电池组连接的直流母线段。

每套保护装置与其相关设备（电子式互感器、合并单元、智能终端、网络设备、操作箱、跳闸线圈等）的直流电源均应取自与同一蓄电池组相连的直流母线，避免因一组站用直流电源异常对两套保护功能同时产生影响而导致的保护拒动。"

三、案例分析

根据现场调试结果，本案例主要因为设备厂家配线错误，ZD1、ZD6 端子与＋KM1 相连，ZD11、ZD16 端子与－KM1 相连，造成双重化配置的合并单元使用同一路直流电源。当该直流电源故障或检修时，造成该回线路两套合并单元同时停电，进而影响到整个保护回路的正常工作。

四、监督意见

继电保护的正确动作涉及装置、回路、整定等多方面因素，本案例为典型的二次回路接线不正确问题。在前期建设综合自动化变电站时，回路涉及保护装置、操作箱、机构箱等。随着智能变电站的广泛建设，二次回路具有了新的定义，回路涉及保护装置、合并单元、智能终端、机构箱等，二次回路由过去的电缆直连调整为"电缆＋光缆"的模式，给设计、建设、运维带来了更多的挑战。

本案例中，应调整二次接线，将 ZD6 端子与＋KM2 相连，ZD16 端子与－KM2 相连，2 套合并单元分别与 2 组直流电源相连，实现真正意义上的双重化，如图 1-41 所示。

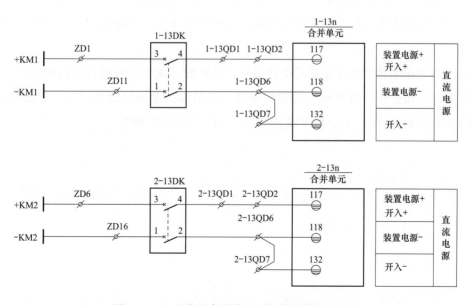

图 1-41　双重化的合并单元、智能终端电源分开

《国家电网有限公司关于印发十八项电网重大反事故措施（修订版）的通知》（国家电网设备〔2018〕979号）对防止继电保护事故提出了详细的措施：电力系统重要设备的继电保护应采用双重化配置，两套保护装置的跳闸回路应与断路器的两个跳闸线圈分别一一对应。每一套保护均应能独立反应被保护设备的各种故障及异常状态，并能作用于跳闸或发出信号，当一套保护退出时不应影响另一套保护的运行。双重化配置的继电保护还应满足以下基本要求：

（1）两套保护装置的交流电流应分别取自电流互感器互相独立的绕组；交流电压应分别取自电压互感器互相独立的绕组。

（2）220kV及以上电压等级断路器的压力闭锁继电器应双重化配置，防止其中一组操作电源失去时，另一套保护和操作箱或智能终端无法跳闸出口。对已投入运行，只有单套压力闭锁继电器的断路器，应结合设备运行评估情况，逐步技术改造。

（3）两套保护装置与其他保护、设备配合的回路应遵循相互独立的原则，应保证每一套保护装置与其他相关装置（如通道、失灵保护）联络关系的正确性，防止因交叉停用导致保护功能缺失。

（4）220kV及以上电压等级线路按双重化配置的两套保护装置的通道应遵循相互独立的原则，采用双通道方式的保护装置，其两个通道也应相互独立。保护装置及通信设备电源配置时，应注意防止单组直流电源系统异常导致双重化快速保护同时失去作用的问题。

（5）为防止装置家族性缺陷可能导致的双重化配置的两套继电保护装置同时拒动的问题，双重化配置的线路、变压器、母线、高压电抗器等保护装置应采用不同生产厂家的产品。

（6）双重化配置的继电保护光电转换接口装置的直流电源应取自不同的电源。单电源供电的继电保护接口装置和为其提供通道的单电源供电通信设备，如外置光放大器、脉冲编码调制设备（PCM）、载波设备等，应由同一套电源供电。

案例 47　站内光缆敷设未实现完全独立的双路由

监督专业：信息通信设备　　　监督手段：查阅施工图
监督阶段：工程设计　　　　　问题来源：工程前期

一、案例简介

某 220kV 变电站新建工程，220kV 侧有多条光缆引入站内，其中包含同方向引入的两根光缆。因变电站总平面二次沟及二次设备室的入口处沟道数量的限制，同方向的两根光缆仅从一个路由沟通至二次设备室，如图 1-42 所示。

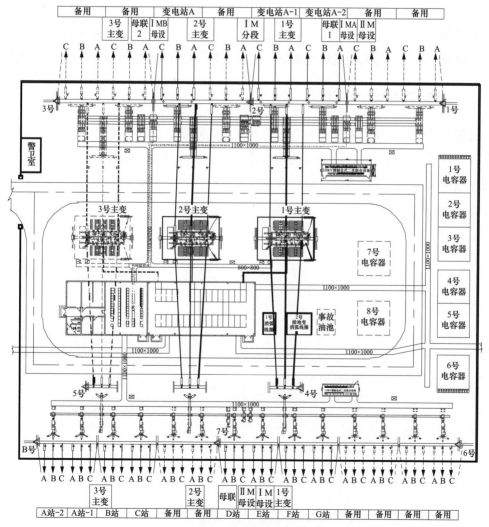

图 1-42　某 220kV 变电站总平面布置示意图

二、监督依据

《国家电网有限公司关于印发十八项电网重大反事故措施（修订版）的通知》（国家电网设备〔2018〕979 号）第 16.3.1.4 条："县公司本部、县级及以上调度大楼、地（市）级及以上电网生产运行单位、220kV 及以上电压等级变电站、省级及以上调度管辖范围内的发电厂（含重要新能源厂站）、通信枢纽站应具备两条及以上完全独立的光缆敷设沟道（竖井）。同一方向的多条光缆或同一传输系统不同方向的多条光缆应避免同路由敷设进入通信机房和主控室。"

三、案例分析

目前 220kV 新建变电站 220kV 场区和 110kV 场区均有一条二次电缆沟通往二次设备室，且两个场区的二次电缆沟互不相通，导致每个场区进二次设备室只有一个路由。

设计时，若同一方向的进场光缆全从二次电缆沟敷设至二次设备室必然共沟的情况。

四、监督意见

开展技术监督工作时发现同方向进站光缆出现同路由情况，技术监督人员要求设计单位在设计时明确同方向进站光缆的具体进站双路由，同方向的两根光缆进站时，一根通过二次电缆沟至二次设备室，另一根通过直埋的方式至二次设备室，调整后如图 1-43 所示。

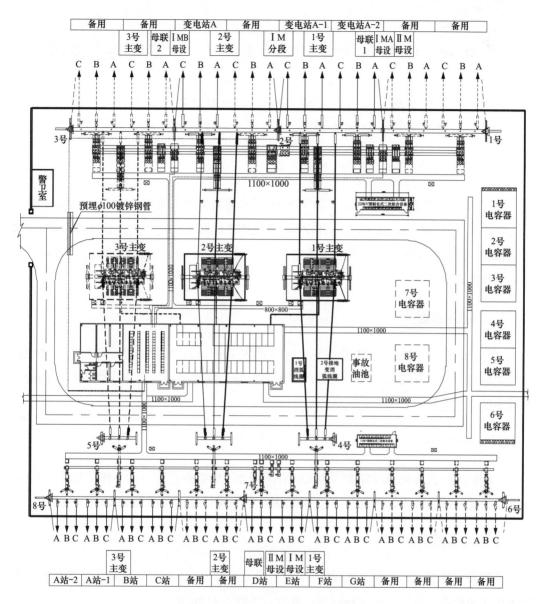

图 1-43 调整后变电站总平面示意图

案例 48　OPGW 光缆引下线未满足"三点接地"要求

监督专业：信息通信设备　　　　监督手段：现场验收
监督阶段：施工阶段　　　　　　问题来源：现场施工

一、案例简介

某 110kV 变电站新建工程，110kV 出线侧构架处光纤复合架空地线（optical fiber composite overhead ground wire，OPGW）光缆引下线接地不符合"三点接地"（指光缆进站安装中，将构架顶端、余缆前最下端固定点及光缆末端分别接地）要求，OPGW 光缆未安装接地引线。

二、监督依据

《电力系统通信光缆安装工艺规范》（Q/GDW 758—2012）第 6.2.2 条规定，光缆应在构架顶端、最下端固定点（余缆前）和光缆末端分别通过匹配的专用接地线与构架进行可靠的电气连接。

三、案例分析

工程施工单位未按照设计图纸施工，对现场施工的管控措施不足。在工程施工阶段，施工单位应严格安装设计图纸施工，保证 OPGW 光缆接地引线可靠安装。

四、监督意见

开展技术监督工作发现 OPGW 光缆引下线未采取"三点接地"措施，技术监督人员要求施工单位按照设计图纸进行整改，整改后如图 1-44 所示。

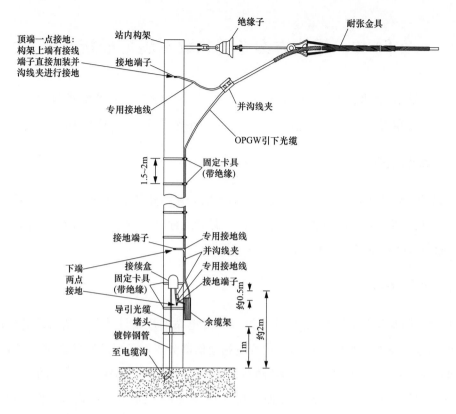

图 1-44 OPGW 光缆"三点接地"示意图

案例 49　通信方案光缆芯数不满足最新要求

监督专业：信息通信设备　　　　监督手段：查阅可研报告

监督阶段：工程设计　　　　　　问题来源：工程前期

一、案例简介

某 110kV 输变电工程，原可研设计方案为随新建线路从对侧 220kV 变电站至该变电站新建 2 根 24 芯 OPGW 光缆，形成 2 条 24 芯光缆通道。通信本期新增 3 面通信屏柜，预留 2 面通信屏柜位置，终期共计 5 面通信屏柜。

二、监督依据

（1）《国网基建部关于发布 35kV～750kV 变电站通用设计通信、消防部分修订成果的通知》（基建技术〔2019〕51 号）中变电站通信部分规定，110kV 随新建线路架设 1～2 根 OPGW 光缆，每根 48 芯；66kV 随新建线路架设 1 根 OPGW 光缆，每根 24～36 芯。110（66）kV 变电站新增屏位 4～5 面（其中 IAD 设备 1 面、OTN 设备 1 面、预留屏位 2～3 面）。

（2）《电力通信网规划设计技术导则》（Q/GDW 11358—2019）第 9.1.2 条："110kV 架空线路应至少架设 1 根 OPGW 光缆，每根光缆芯数不少于 48 芯。"

三、案例分析

目前，110kV 新建变电站光缆芯数选择、设备配置及屏位布置满足变电站现有各项数据传输的需求，但随着电力物联网的逐步发展，对变电站光缆通道及通信能力提升的需求日益增强，新建变电站需同步考虑远期通信光缆纤芯资源及设备屏位的预留。

四、监督意见

通过开展技术监督工作发现，可研设计方案为 2 根 24 芯光缆通道，新增 3 面通信屏柜，预留 2 面通信屏柜，终期共计 5 面通信屏柜。技术监督人员要求设计单位在初设时调整设计方案，修改为 2 根 48 芯光缆通道，本期新增 4 面通信屏柜，预留 4 面屏柜，终期共计 8 面通信屏柜。

案例 50 光缆改造期间通信过渡方案缺失

监督专业：信息通信设备　　　监督手段：查阅初设报告
监督阶段：工程设计　　　　　问题来源：工程前期

一、案例简介

某 220kV 线路改造工程，需对 10km 的线路进行迁移改造，该线路上承载省网通信业务。在可研设计时，线路专业人员答复可以满足 8h 停电需求，因此通信专业人员未考虑通信过渡方案。

二、监督依据

《35kV～750kV 输变电工程设计质量控制"一单一册"（2019 年版）》（基建技术〔2019〕20 号）中第二章常见病目录 2-4 规定，通信光缆改造期间应制订完善的通信过渡方案。

三、案例分析

随 220kV 线路架设的光缆往往承载省网重要业务，因施工而引起的中断需满足小于 8h 的时间要求，若不能满足 8h 停电需求，需同步考虑光缆改造期间的通信过渡方案，防止光缆改造期间对在运业务的影响。

四、监督意见

通过开展技术监督工作发现，初设方案中无光缆过渡方案。技术监督人员要求设计单位重新核实改造段光缆中断时间，同步考虑通信临时过渡方案，避免因施工期间光缆中断而引起的在运业务中断。

第二章 变电站土建工程

案例 1 变电站选址未充分考虑进出线条件

监督专业：土建   监督手段：查阅可研报告
监督阶段：规划可研   问题来源：工程前期

一、案例简介

某 110kV 变电站新建工程，站址用地西侧毗邻一座 35kV 变电站，南侧道路对面为一新建住宅小区，站址西北侧道路两边为居民建筑物，东侧为农用地和一条沟渠。可研报告中未考虑多站址和多方案比选，拟选站址周边环境比较复杂，进出线不便，不利条件较多，不宜作为变电站的选址落点。如图 2-1 所示。

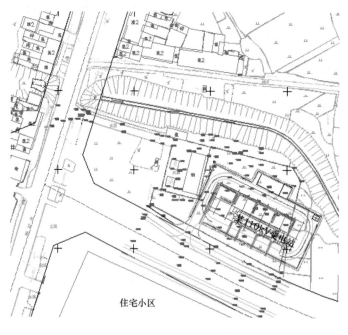

图 2-1 某 110kV 变电站选址规划图

二、监督依据

（1）《35kV～110kV变电站设计规范》（GB 50059—2011）第2.0.1规定，变电站站址的选择应符合下列要求：变电站布置兼顾规划、建设、运行、施工等方面的要求，宜节约用地；应与城乡或工矿企业规划相协调，并应便于架空和电缆线路的引入和引出；交通运输应方便；变电站应避免与邻近设施之间相互影响，应避开火灾、爆炸及其他敏感设施。

（2）《变电站总布置设计技术规程》（DL/T 5056—2007）第4.0.1条："变电站总体规划应与当地城镇规划、工业区规划、自然保护区规划或旅游规划区规划相协调。"

三、案例分析

该工程选址单一，未进行多方案站址比选，该站址存在下述几个不利因素：第一，拟选站址紧邻35kV变电站，西侧围墙与现变电站东侧围墙有部分重叠，两工程的进出线电缆沟有部分交叉，不仅不满足防火距离要求，也不利于后期线路进出线和施工建设，更为后期运行维护带来诸多安全隐患；第二，变电站南侧为高层小区，西北侧为多层住宅，均为该变电站建设的噪声和电磁干扰的敏感点，不仅需对主变压器室进行较高要求的封闭降噪，还给后期建设过程带来一定的民事协调问题；第三，变电站用地受限，避让东侧一处较宽沟渠，需对《国家电网有限公司模块化建设通用设计》总平面布置方案进行调整，可能造成配电装置与建（构）筑物之间的距离不满足检修运行要求。

四、监督意见

综合考虑经济技术要求、远期进出线规划等因素，该站址不利条件较多，不宜作为变电站的选址落点。

一般情况下，如站址所处用地受限，与现状建（构）筑物存在相互影响，周边存在较多环境敏感点，影响远期规划建设，周边进出线复杂，建设投资较大等不利因素下，需谨慎选择站址。

在前期设计阶段，应明确拟选站址周边环境和建设条件，如站址现状、远期进出线规划、周边路网建设情况、站址附属物拆迁改造、设计标高等。如周边路网未形成，无合适进站道路，需修建或加固进站道路工程量和投资较大，或者站址处和线路路径附属物拆迁工程过大等，造成工程投资浪费，后期建设及协调难度较大，影响工程进度，需做好相关资料收集和可行性论证。

在站址选择初期，技术监督人员应结合技术方案、经济指标和远期规划等对可研报告中站址进行综合比选。

案例 2　变电站竖向设计不满足防洪涝要求

监督专业：土建　　　　　　监督手段：查阅可研报告
监督阶段：规划可研　　　　问题来源：工程前期

一、案例简介

某 110kV 变电站新建工程，站址自然高程为 34.3～37.1m（1985 国家高程基准），从南侧现状道路引接进站。站址周边大河大堤防洪标准为 20 年一遇，远期规划为 50 年一遇，但该大堤建设时序滞后于变电站。变电站竖向设计时未考虑 50 年一遇洪水影响，给变电站遭受洪涝影响带来安全隐患。

二、监督依据

（1）《变电站总布置设计技术规程》（DL/T 5056—2007）第 6.1.1 条："变电站的场地设计标高应根据变电站的电压等级确定。220kV 枢纽变电站及 220kV 以上电压等级的变电站，站区场地设计标高应高于频率为 1%（重现期，下同）的洪水水位或历史最高内涝水位；其他电压等级的变电站站区场地设计标高应高于频率为 2%的洪水水位或历史最高内涝水位。

当站区场地设计标高不能满足上述要求时，可区别不同的情况分别采取以下三种不同的措施：

1）对场地标高采取措施时，场地设计标高应不低于洪水水位或历史最高内涝水位。

2）对站区采取防洪或防涝措施时，防洪或防涝设施标高应高于上述洪水位或历史最高内涝水位标高 0.5m。

3）采取可靠措施，使主要设备底座和生产建筑物室内地坪标高不应低于上述高水位。"

（2）《35kV～110kV 变电站设计规范》（GB 50059—2011）第 2.0.1 条："站址标高宜在 50 年一遇高水位上，无法避免时，站区应有可靠的防洪措施或与地区（工业企业）的防洪标准相一致，并应高于内涝水位。"

三、案例分析

变电站位于防洪大堤的保护范围内，可研报告编制单位初步判断站址竖向设计不受洪水影响，仅考虑内涝水位。但经核实，依据当地水利部门回函，目前该大堤防洪标准仅为 20 年一遇，远期规划为 50 年一遇，且防洪大堤规划建设时序滞后于变电站，不符合竖向设计要求。该变电站竖向标高应按照 50 年一遇洪水位并结合周边规划道路高程综合设计，保证站区设备的安全稳定运行。

四、监督意见

经技术监督修改后，该变电站竖向设计考虑 50 年一遇洪水位整体回填垫高。一般情况下，110kV 变电站的场地设计标高一般应由土方自平衡方式确定。当土方自平衡标高不能满足 50 年一遇洪水位、历史最高内涝水位等要求时，应对采用土石等对场地进行回填、采取防洪墙等防洪或防涝措施进行比选论证。

变电站竖向设计需综合考虑周边洪水位和历史最高内涝水位，同时还需考虑周边规划道路高程、城区整体规划高程，技术监督人员需对上述方案做进一步确认，核实是否满足洪涝水位等要求。

案例 3 变电站总平面布置不满足规划要求

监督专业：土建　　　　　监督手段：查阅可研报告
监督阶段：规划可研　　　　问题来源：工程前期

一、案例简介

某 220kV 变电站新建工程，站址位于国道西侧，站址处交通条件较好，地质和气象条件满足建站条件。站址自然地面高程在 19.20～19.60m（1985 国家高程基准）。进站道路长度约为 20m，从国道接入；但国道目前建设标准较低，宽度仅为 12m，存在拓宽改造的可能。经当地公路规划部门核实，该总平面布置方案不满足规划退让要求。

二、监督依据

《220kV～750kV 变电站设计技术规程》（DL/T 5218—2012）第 4.3.1 条："变电站竖向设计应与总平面布置同时进行，且与站址外现有和规划的道路、排水系统、周围场地标高等相协调，宜采用平坡式或阶梯式。站区场地设计标高应根据变电站的电压等级确定。"

三、案例分析

该工程从东侧国道引接，但道路建设标准较低，存在远期拓宽提高标准的可能性，相应的建筑物红线位置随之变化。对于该工程，周边路网拓宽改造相关资料未收集，现有的变电站布置方案是否具备可行性未知。如周边路网建设改造在变电站建设之前，可能存在颠覆性结果。

四、监督意见

经技术监督后，设计单位对相关资料进行重新收集，并依据远期规划考虑站区的平面布置、竖向设计等。依据相关单位回函资料，当地公路部门对于道路近期有改造的计划，需重新调整变电站的布置和竖向设计，站址需向北及向西平移。站址位置调整后，变电站东侧围墙距改造后道路中心线距离为 42m，整体向西平移约 22m，竖向标高由 21.20m 提高至 21.50m。

变电站的站区布置方案，需结合线路进出线、远期规划等进行技术综合比选后确定。距离周边路网的相对位置应考虑当地规划要求，需收集当地规划部门或公路部门的相关明确意见。

案例 4 变电站站内道路设计不满足消防要求

监督专业：土建　　　　监督手段：查阅可研报告
监督阶段：规划可研　　　问题来源：工程前期

一、案例简介

某 110kV 变电站新建工程根据站址及进出线规划，110kV 出线规划向西架空出线，进站道路从站址西侧道路引接。变电站总平面布置将 110kV 配电装置与进站大门同侧布置，造成站区内道路回车条件不满足规程规范要求。变电站总平面布置如图 2-2 所示。

二、监督依据

（1）《高压配电装置设计规范》（DL/T 5352—2018）第 5.4.1 条："配电装置通道的布置应便于设备的操作、搬运、检修和试验，并应符合下列规定：220kV 及以上电压等级屋外配电装置的主干道应设置环形通道和必要的巡视小道，如成环有困难时应具备回车条件"。

（2）《建筑设计防火规范》（GB 50016—2014）（2018 年版）第 7.1.9 条："环形消防车道至少应有两处与其他车道连通。尽头式消防车道应设置回车道或回车场，回车场的面积不应小于 12m×12m"。

三、案例分析

该工程 110kV 侧出线和进站道路外部引接条件与通用设计方案不同，设计方案直接套用《国家电网公司输变电工程通用设计》，简单将 110kV 配电装置与进站大门同侧布置，未校核调整对规程规范的满足情况。现有总平面布置方案中不具有环道和回车条件，存在较大的安全风险。

四、监督意见

经技术监督后，考虑进站道路从县道引接条件和 110kV 线路的出线规划，结合站内布置，调整进站大门位置，并在站内道路尽头设"T"形路口，满足消防回车条件，优化全站平面布置，如图 2-3 所示。

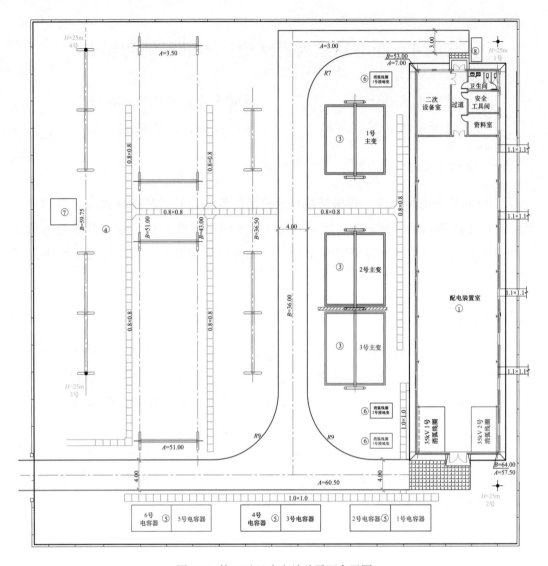

图 2-2 某 110kV 变电站总平面布置图

开展技术监督工作前后方案技术经济对比如表 2-1 所示。

虽然工程投资增加了 4.36 万元，但是工程设计首先应满足规程规范的要求，在此基础上兼顾经济性，实现设计方案的优化。

在工程的平面布置方案设计时，变电站屋外道路应力求环形贯通，尽量避免出现尽端道路，以提供良好的行车条件，满足消防、运维检修、主变压器扩建等要求；当无法贯通时，则应具有回车条件，如在道路尽端设 12m×12m 的回车场，或在附近设"T"形或"＋"字形路口，以取代回车场。

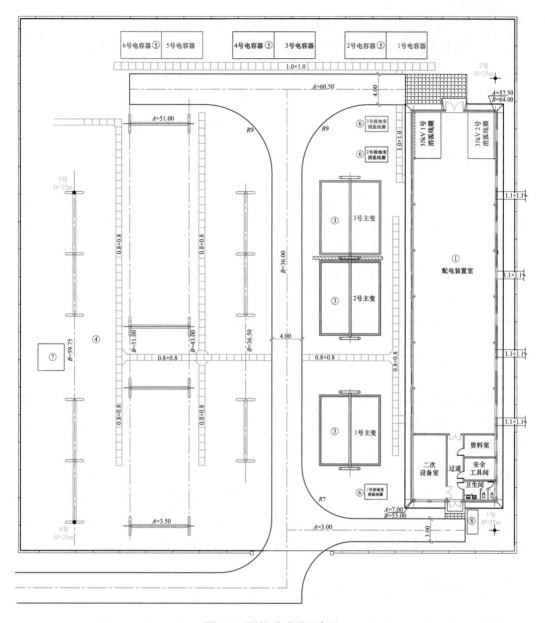

图 2-3 调整后总平面布置

表 2-1   技术监督工作前后方案技术经济对比

项目	技术监督前	技术监督后	对比
回车情况	无回车条件	"T"形回车道路	满足消防规范
进站道路长度	16m	50m	增加34m
工程投资	2.04 万元	6.40 万元	增加4.36 万元

案例 5　地基处理方案不满足承载力和变形要求

监督专业：土建　　　　　监督手段：查阅可研报告
监督阶段：规划可研　　　　问题来源：工程前期

一、案例简介

某 110kV 变电站新建工程，站址自然高程为 5.90～7.60m（1985 国家高程基准），站址不受洪水影响，设计标高为 7.0m，站区地质条件差，淤泥土层厚度较深。技术监督前，全站建（构）筑物考虑采用地基处理，主要建筑物基础采用 PHC（预应力高强度混凝土）管桩处理，道路采用三七灰土换填处理，其他构筑物采用级配砂石换填处理。

根据地质报告和相关规程规范，主要建筑物基础采用 PHC 管桩处理满足工程要求，但道路和其他构筑物地基采用换填处理是不合适的。

二、监督依据

《电力工程地基处理技术规程》（DL/T 5024—2005）第 5.0.2 条："地基处理方案的选择，应根据工程场地岩土工程条件、建筑物的安全等级、结构类型、荷载大小、上部结构和地基基础的共同作用，以及当地地基处理经验和施工条件、建筑物使用过程中岩土环境条件的变化。经技术经济比较后，在技术可靠、满足工程设计和施工进度的要求下，选用地基处理方案或加强上部结构与地基处理相结合的方案。采用的地基处理方法应符合环境保护的要求，避免因地基处理而污染地表水和地下水；避免由于地基土的变形而损坏邻近建（构）筑物；防止振动噪声及飞灰对周围环境的不良影响。"

三、案例分析

换填处理就是将基础底面以下一定范围和深度的软弱层（淤泥、淤泥质土、冲填土、杂填土或高压缩性土层构成的地基）或其他不均匀土层挖出，换填其他性能稳定、无侵蚀性、强度较高的材料，并分层压实形成的垫层。换填是一种浅层地基处理常用方法，通过垫层的应力扩散作用，满足地基承载力及变形设计要求。换填处理一般处理深度不超过 3m。

水泥搅拌桩是一种良好的软弱地基处理方式，对软土进行就地加固，能够最大限度地利用原状土的承载力或其他力学性能。水泥搅拌桩适用于处理包括淤泥、淤泥质土、粉土、砂性土、泥炭土等各种成因的饱和软粘，最大加固深度可达 30m。

在该工程中，根据地质报告，工程场地内淤泥土层厚度较深，站区内 2 层淤泥质粉质黏土约 25m 深，压缩模量小，道路和其他构筑物地基采用换填处理不满足地基承载力及变形设计要求。

四、监督意见

变电站地基处理方案，需要综合考虑工程地质条件、建筑物的安全等级、结构类型、荷载大小、上部结构和地基基础的共同作用，以及当地地基处理经验和施工条件，在满足工程设计和施工进度的要求下，选用合适的地基处理方案。

经技术监督后，道路和其他构筑物地基改为水泥搅拌桩处理，安全可靠。

案例6 建材选用未充分考虑环保要求

监督专业：土建　　　　　　监督手段：查阅可研报告

监督阶段：规划可研　　　　问题来源：工程前期

一、案例简介

某110kV变电站新建工程，站址自然高程为21.90～22.60m（1985国家高程基准），场区原始地面较低洼，需整体回填约2.1m；工程地质条件一般，需对建（构）筑物进行地基处理，技术监督前考虑采用浆砌块石换填处理方式。但是根据本工程当地建材具体情况，块石材料较少，同时考虑到环境保护，地基处理不应该选择浆砌块石。

二、监督依据

《建筑地基处理技术规范》（JGJ 79—2012）第4.1.2条："应根据建筑体型、结构特点、荷载性质、场地土质条件、施工机械设备及填料性质和来源等综合分析后，进行换填垫层的设计，并选择施工方法。"

三、案例分析

采用常见的浆砌块石换填的地基处理方式，未考虑工程实际。该工程地处皖北平原地区，块石材料较少，地基处理若采用浆砌块石换填，建材需从外地采购，运输费用较大。

浆砌块石地基处理方式虽单价较低，但工程量较大，换成素混凝土的方式后，工程量可以降低。经过技术监督，将浆砌块石改成C15素混凝土换填处理的方式。

四、监督意见

考虑到当地实际情况，技术监督人员要求设计单位将地基处理材料修改为C15素混凝土换填，以满足工程要求。建（构）筑物地基处理方式应做到安全适用、经济合理；技术监督人员在方案选择时，应在满足因地制宜、就地取材、环保节约的要求下，复核设计方案。

案例7　变电站水消防设计不满足消防要求

监督专业：土建　　　　　监督手段：查阅可研报告
监督阶段：规划可研　　　　问题来源：工程前期

一、案例简介

某 110kV 变电站新建工程，采用《国家电网有限公司通用设计》全户内布置方案，站区内建筑物火灾危险性类别为丙类，耐火等级为一级，建筑物面积超过 300m²、体积超过 5000m³，设计方案采用消防水池有效容量仅为 330m³。由于当时国家相关规程规范已更新，结合最新要求，消防水池有效容量应为 486m³，变电站水消防设计不合理。

二、监督依据

（1）《建筑设计防火规范》（GB 50016—2014）（2018 年版）第 8.2.1 条："下列建筑或场所应设置室内消火栓系统：建筑占地面积大于 300m² 的厂房和仓库。"

（2）《消防给水及消火栓系统技术规范》（GB 50974—2014）第 3.1.2 条："一起火灾灭火所需消防用水的设计流量应由建筑的室外消火栓系统、室内消火栓系统、自动喷水灭火系统、泡沫灭火系统、水喷雾灭火系统、固定消防炮灭火系统、固定冷却水系统等需要同时作用的各种水灭火系统的设计流量组成。"

三、案例分析

该工程建筑物火灾危险性类别为丙类，耐火等级为一级，建筑物体积超过 5000m³，根据《消防给水及消火栓系统技术规范》（GB 50974—2014），需设置室内外消火栓系统。室内消火栓用水量为 20L/s，室外消火栓用水量为 25L/s，消火栓灭火持续时间为 3h，消防总用水量为 486m³。由于《建筑设计防火规范》（GB 50016—2014）在 2018 年做了相应修订，部分设计参数做了调整和修改，同时增加了较多强制性条文，而建筑设计防火规范是所有消防相关规范的基础规范，与之相关的规范也随之发生相应调整。

四、监督意见

经技术监督后，对设计方案消防水池的容量进行修改调整，调整后消防总用水量为

486m^3，满足最新相关规范要求。

该工程水消防设计不满足新版消防规范的设计要求，计算参数选用不合理，导致违反规范设计情况发生。随着规程规范的更新，专业技术人员应及时贯彻学习，尤其重点关注修改部分内容，保证设计方案满足要求。

案例8 建设项目未按要求编制水土保持方案

监督专业：土建　　　　监督手段：查阅可研报告

监督阶段：规划可研　　　问题来源：工程前期

一、案例简介

某位于山区的新建220kV输变电工程项目，主变压器容量：当期2台180MVA，终期3台180MVA。变电站占地面积为31889m²。该项目未委托有相应能力的单位编制水土保持方案。

二、监督依据

（1）《环保全过程技术监督精益化管理实施细则（2020版）》（规划可研阶段）第1.1.3条："1. 涉及水土保持的建设项目启动编制水土保持方案工作。2. 复核建设项目选址、布局，尽量避让水土流失重点预防区和重点治理区等。3. 复核取土、弃土（渣）、余土综合利用等水保协议情况。"

（2）《中华人民共和国水土保持法》第二十五条："在山区、丘陵区、风沙区以及水土保持规划确定的容易发生水土流失的其他区域开办可能造成水土流失的生产建设项目，生产建设单位应当编制水土保持方案，报县级以上人民政府水行政主管部门审批，并按照经批准的水土保持方案，采取水土流失预防和治理措施。没有能力编制水土保持方案的，应当委托具备相应技术条件的机构编制。"

三、问题分析

水利部下发的《水利部关于进一步深化"放管服"改革全面加强水土保持监管的意见》（水保〔2019〕160号）中提出："征占地面积在5公顷以上或者挖填土石方总量在5万立方米以上的生产建设项目（以下简称项目）应当编制水土保持方案报告书，征占地面积在0.5公顷以上5公顷以下或者挖填土石方总量在1千立方米以上5万立方米以下的项目编制水土保持方案报告表。水土保持方案报告书和报告表应当在项目开工前报水行政主管部门（或者地方人民政府确定的其他水土保持方案审批部门）审批，其中对水土保持方案报告表实行承诺制管理。征占地面积不足0.5公顷且挖填土石方总量不足1千立方米的项目，不再办理水土保持方案审批手续，生产建设单位和个人依法做好水土流失防治工作。"

该项目位于山区，变电站占地面积满足"0.5公顷以上5公顷以下"条件，根据相关政策规定，应委托具备相应技术条件的机构编制水土保持方案。

四、监督意见

根据有关法律法规要求，应在规划可研阶段启动委托水土保持方案编制。建议在工程规划可研阶段主动联系当地水行政主管部门，并按照国家有关法律法规要求启动水土保持方案编制工作。技术监督人员应结合法律法规和相关政策文件要求，对水土保持方案编制情况和方案进一步核查。

案例9　变电站未按远期规模考虑噪声排放

监督专业：土建　　　　　　监督手段：查阅可研报告

监督阶段：规划可研　　　　问题来源：工程前期

一、案例简介

某 500kV 变电站位于城市郊区，厂界噪声标准按声环境 2 类执行，本期建设时未按照终期规模考虑噪声排放设计，导致 2 号主变压器扩建设计时，计算发现厂界（围墙）处噪声不达标。

二、监督依据

(1)《工业企业厂界环境噪声排放标准》（GB 12348—2008）第 4.1.1 条规定，工业企业厂界环境噪声不得超过表 2-2 规定的排放限值。

表 2-2　　　　　　　　　　　各类厂界噪声标准值　　　　　　　　　　（dB）

类别	昼间	夜间
0	50	40
1	55	45
2	60	50
3	65	55
4	70	55

(2)《声环境质量标准》（GB 3096—2008）第 4 条："按区域的使用功能特点和环境质量要求，声环境功能区分为以下五种类型：

0 类声环境功能区：指康复疗养区等特别需要安静的区域。

1 类声环境功能区：指以居民住宅、医疗卫生、文化教育、科研设计、行政办公为主要功能，需要保持安静的区域。

2 类声环境功能区：指以商业金融、集市贸易为主要功能，或者居住、商业、工业混杂，需要维护住宅安静的区域。

3 类声环境功能区：指以工业生产、仓储物流为主要功能，需要防止工业噪声对周围环境产生严重影响的区域。

4 类声环境功能区：指交通干线两侧一定距离之内，需要防止交通噪声对周围环境产生严重影响的区域，包括 4a 类和 4b 类两种类型。4a 类为高速公路、一级公路、二级公路、城市快速路、城市主干路、城市次干路、城市轨道交通（地面段）、内河航道两侧区域；4b 类为铁路干线两侧区域。"

三、案例分析

本期工程设计时，第一台主变压器位置靠近站址中部，距离围墙较远，主变压器两侧设有防火墙，围墙采用实体围墙、高度 2.3m，围墙处噪声满足控制要求；但扩建第二台主变压器时，噪声叠加。通过计算分析，即使按设置防火墙考虑，围墙处噪声仍超标，不满足环保部门规定的该变电站需满足 2 类声环境的要求。

四、监督意见

经过计算，需在围墙处增加隔声屏障方可满足扩建后环境影响评价（以下简称环评）要求。但现有围墙无法满足上部增加隔声屏障的荷载要求，需在现有围墙旁设置落地式隔声屏障，围墙旁增加混凝土基础，隔声屏障通过工字钢柱固定在基础上，隔声屏障高度 2.5m、顶部离地高度 4.8m。

新建工程设计时，噪声控制不仅要考虑本期，也要计算远期噪声，厂界噪声均需满足要求。若围墙处噪声超标，一般采取加高围墙或在围墙上设置隔声屏障的措施，避免远期扩建改造实施困难且不经济。

案例 10　配电装置室未考虑除湿设施

监督专业：土建　　　　　　监督手段：查阅可研报告

监督阶段：规划可研　　　　问题来源：工程前期

一、案例简介

某 220kV 变电站新建工程可研报告中，10kV 配电装置室未考虑除湿设备。在暖通设计中，10kV 配电装置室仅配置轴流风机机械排风，在梅雨季节或高温天气等恶劣气候条件下，会对室内设备的稳定运行带来不利影响。

二、监督依据

（1）《国家电网公司输变电工程通用设计　35kV～110kV 智能变电站模块化建设施工图设计》第 6.4.9 条："建筑物内电气设备间应根据工艺设备对环境温度的要求采用分体空调或电采暖。配电装置室应根据规范要求设置风机，采用机械排风，自然进风。"

（2）《220kV～750kV 变电站设计技术规程》（DL/T 5218—2012）第 8.2.2 条："配电装置室事故排风量每小时不小于 12 次换气次数，事故风机可兼做通风机。"

第 8.3.2 条："变电站的主控室、计算机室、继电器室、通信机房及其他工艺设备要求的房间宜设置空调。空调房间的室内温度、湿度应满足工艺要求，工艺无特殊要求时，夏季设计温度为 26～28℃，冬季设计温度为 18～20℃，相对湿度不高于 70％。"

（3）《国家电网有限公司关于印发十八项电网重大反事故措施（修订版）的通知》（国家电网设备〔2018〕979 号）第 12.4.1.16 条："配电室内环境温度超过 5～30℃范围，应配置空调等有效的调温设施；室内日最大相对湿度超过 95％或月最大相对湿度超过 75％时，应配置除湿机或空调。"

三、案例分析

该 220kV 变电站新建工程 10kV 配电装置室仅配置轴流风机，机械排风，未考虑采用除湿设备。根据该地区气候情况，需配置空调才能达到温湿度的要求。如未配置或少配置相应的除湿设备，对于配电室内环境温度超过 5～30℃范围，或室内日最大相对湿度超过 95％或月最大相对湿度超过 75％时，会对建筑物内的设备稳定运行产生一定安全隐患。

四、监督意见

经技术监督后，补充配置相应的暖通设备。通常，在可研报告编制时，应根据工程所处地区气候情况，按相关的规程规范进行暖通设计工作，并进行必要性论证。当超过相应温湿度范围时，应配置除湿机或空调以满足设备在该温湿度环境下长期稳定运行的要求，并在可研报告中明确具体设备配置参数和数量。如在蓄电池等房间配置空调，还应考虑设备的特殊工艺要求，按照防爆功能设计。技术监督人员应结合建筑物的使用功能和内部设备情况，对暖通等辅助设备的配置情况进行核查。

案例 11　边坡方案未充分考虑站区用地

监督专业：土建　　　　　监督手段：查阅可研报告
监督阶段：规划可研　　　　问题来源：工程前期

一、案例简介

某 110kV 变电站新建工程，站址位于山区，林木较多，站址自然高程为 223.2～232.3m（1985 国家高程基准），地形起伏较大，最大高差约 9m。为防止地质灾害发生，变电站围墙外需设置护坡，变电站的征地范围按照护坡基础边缘计算，围墙外设施占地约占总征地 46％。该工程围墙外征地面积过大，占用原有森林用地，不仅对自然资源造成浪费，也对周边环境带来巨大破坏。变电站边坡布置范围如图 2-4 所示。

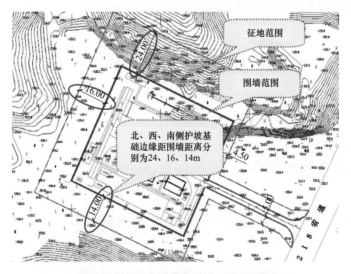

图 2-4　某 110kV 变电站边坡布置范围

二、监督依据

《变电站总布置设计技术规程》（DL/T 5056—2007）第 4.0.1 条："对山区等特殊地形地貌的变电站，其总体规划应考虑地形、山体稳定、边坡开挖、洪水及内涝的影响。在有山洪及内涝影响的地区建站，宜充分利用当地现有的防洪、防涝设施。"

第 6.1.3 条："站区竖向设计应合理利用自然地形，根据工艺要求、站区总平面布置格局、交通运输、雨水排放方向及排水点、土（石）方平衡等综合考虑，因地制宜确定竖向布置形式，尽量减小边坡用地、场地平整土（石）方量、挡土墙及护坡等工程量，并使场地排水路径短而顺畅。"

三、案例分析

经查阅可研报告，该工程位于山区，土地资源稀缺，站址经多次选择综合比选后确定。但该变电站护坡方式采用了较常规的直接放坡方案，北、西、南侧护坡基础边缘距离围墙分别为 24、16m 和 14m，围墙外征地面积达到 2260m²，占用了大量的土地，浪费了较多的森林资源，对周边环境造成破坏，水土流失严重，不符合国家电网有限公司电网建设的"资源节约型、环境友好型"的要求。

四、监督意见

经技术监督后，充分利用自然地形对护坡方案进行优化，调整了护坡的坡率，并采用分级放坡的方式，护坡征地面积减少 30%，降低对周围自然环境的影响范围。

技术监督前后护坡方案断面图如图 2-5 所示。

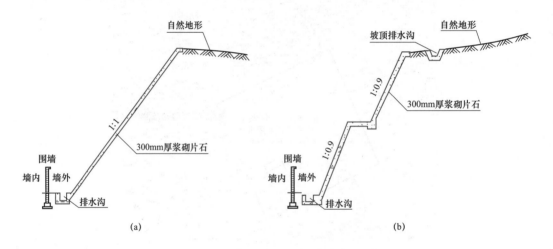

图 2-5 技术监督前后护坡方案断面图
(a) 技术监督前：自然放坡；(b) 技术监督后：分级放坡

变电站征地范围要合理利用自然地形，综合考虑站区总平面布置、交通运输、雨水排放、土石方平衡、挡墙护坡工程量等因素。因地制宜确定竖向布置形式，尽量减小边坡用地、场地平整土石方量、挡土墙及护坡工程量，减少对现有资源环境的破坏，符合国家电网有限公司电网建设"资源节约型、环境友好型"的基本理念，防止水土流失，保证站内电网设备安全。

案例 12　边坡方案未充分考虑工程地质

监督专业：土建　　　　　监督手段：查阅设计方案
监督阶段：工程设计　　　问题来源：现场勘察

一、案例简介

某 110kV 变电站新建工程位于山区，进站道路自北侧县道引接，县道坡度较大，变电站设计标高和围墙外县道存在较大高差。

变电站北侧围墙中心线和县道路边之间的距离仅为 4m，站址设计标高和现状县道路面高差为 5m。在初设阶段时，围墙和县道边采用草皮护坡方案（土质边坡）。在施工阶段时，施工单位先施工了变电站围墙，围墙与县道路间仅采用自然放坡，未进行草皮护坡处理。

进入雨季后，该变电站所在地区降雨量较大，且持续时间较长。围墙和县道边坡发生了小范围塌方，且全部边坡范围均出现水土流失现象，直接影响上部县道的安全，给变电站围墙及站内设备带来安全隐患。

二、监督依据

《变电站总布置设计技术规程》（DL/T 5056—2007）第 6.3.6 条："土质开挖边坡的坡率允许值应根据经验，按工程类比的原则并结合已有稳定边坡的坡率值分析确定。当无经验，且土质均匀良好、地下水贫乏、无不良地质现象和地质环境条件简单时，可按表 6.3.6-1 确定。"具体数据要求如表 2-3 所示。

表 2-3　图纸开挖边坡的坡率允许值

边坡土体类别	密实度或状态	坡率允许值（高宽比）	
		坡高小于 5m	坡高 5～10m
碎石土	密实	1：0.35～1：0.50	1：0.50～1：0.75
	中密	1：0.50～1：0.75	1：0.75～1：1.00
	稍密	1：0.75～1：1.00	1：1.00～1：1.25
黏性土	坚硬	1：0.75～1：1.00	1：1.00～1：1.25
	硬塑	1：1.00～1：1.25	1：1.25～1：1.50

注　1. 表中碎石土的充填物为坚硬或硬塑状态的黏性土。
　　2. 对于砂土或充填物为砂土的碎石土，其边坡坡率允许值应按自然休止角确定。

三、案例分析

原设计方案中围墙中心线和县道边线距离仅为 4m，高差却有 5m，除去围墙外截水沟占用的 1m 后，可用于站外边坡使用的范围仅有 3m，护坡坡率为 1∶0.6（高宽比），该工程边坡土质为硬塑，按《变电站总布置设计技术规程》（DL/T 5056—2007）中要求（见表 2-3），允许坡率值为 1∶1.00～1∶1.25，该工程实际护坡坡率远大于允许坡率值，应增加围墙和道路之间的距离，或者采用其他护坡方式。

施工时，施工单位未先进行边坡的施工及水土保持防护工作，造成该工程边坡在雨季长时间降雨下发生水土流失，影响上部县道、变电站围墙和站内设备的安全。

四、监督意见

由于该变电站围墙等站内设备基础已经施工完成，只有在施工图阶段调整护坡方案，采用素混凝土仰斜式挡土墙护坡。由于局部区域没有空间施工挡土墙，需先拆除部分围墙，待挡土墙施工完成后再进行恢复。

在工程设计阶段，土建专业设计人员布置站址时，变电站围墙与引接道路需满足挡墙边坡设计的要求；如果受用地规划的限制，建议综合考虑工程地质、边坡坡率、场地条件、水土保持等因素选择合理的护坡方案。在施工阶段，施工单位应先施工站外边坡、挡土墙和截水沟，再施工变电站围墙及站内建构筑物，防止发生水土流失。

案例 13　水文地质不满足勘测深度要求

监督专业：土建　　　　　　监督手段：查阅设计方案
监督阶段：工程设计　　　　问题来源：现场勘察

一、案例简介

某 220kV 新建工程，根据水文地质勘测资料，工程地质条件较差。工程设计方案中，GIS 设备基础下设置桩径为 1.3m 的灌注桩，桩长平均为 25m，采用机械成孔施工。该地基处理方案与地质条件不相符，存在较大安全隐患。

二、监督依据

（1）《变电工程初步设计内容深度规定》（DL/T 5452—2012）第 2.2.3 条："站区地形地貌、地层分布、地质构造、各层岩土的物理力学性质及主要指标，不良地质作用，软弱层和不稳定与特殊性岩土层沿水平和垂直方向的分布情况。站区地震基本烈度及确定的依据，地震动峰值加速度。地下水类型、埋深及对建筑材料腐蚀性的评价。场地土类别和建筑物的场地类型。"

（2）《电力工程水文地质勘测技术规程》（DL/T 5034—2006）第 6.1.4 条："初步设计阶段供水水文地质勘测，应根据变电所的容量、需水量等，提交满足设计所需水量的供水水文地质勘测报告。"

第 6.2.2 条："初步设计阶段勘测的内容应符合以下要求：通过水文、水文地质调查、钻探、抽水试验、水质分析等手段，查明作为主要供水水源的水文特性、含水层的空间分布、水力联系、富水程度、水质特征；掌握地下水的补给、径流、排泄条件；地表水与地下水的补排关系；了解水资源的开发利用现状、规划及存在的问题；确定井结构、单井出水量和最大动水位，为供水提供设计依据。"

三、案例分析

按照原设计方案，GIS 基础采用桩基，且桩基采用机械施工。经查过往该处地质勘探资料发现，该处为山体垮塌堆砌而成，且堆积体间缝隙较大，采用机械施工存在严重漏浆现象，无法成孔；而且该段基础基岩存在较大坡度，桩基长度应根据基岩位置进行调整。

四、监督意见

在地质复杂区域，应提高工程设计阶段的地质勘探深度，不能采用初勘方式，应详细勘探查明地层分布、地质构造、地下水位和不良地质软弱层的分布情况。同时，地质水工和总图专业应加强沟通合作，严格按照《电力工程水文地质勘测技术规程》（DL/T 5034—2006）及相关规范要求，使设计与地质情况相符合；技术监督人员需加强对建筑物和主要设备基础下地质情况的排查，保证建构筑物、设备的安全、便于后期工程施工和投资管控。

案例 14 建筑物结构配筋不满足构造要求

监督专业：土建　　　　　监督手段：查阅施工图
监督阶段：工程设计　　　　问题来源：现场勘察

一、案例简介

某 110kV 变电站，站内建筑物布置有一栋配电装置室，该建筑物为钢筋混凝土框架结构，屋面采用钢筋混凝土现浇板。工程投运 1 年后发现屋面现浇板面出现裂缝，屋面还存在渗水现象，影响配电装置室正常运行使用，威胁室内设备安全。经查阅该工程屋面板施工图，发现未在温度和收缩应力较大处双向配置防裂构造钢筋。

二、监督依据

《混凝土结构设计规范（2015 年版）》（GB 50010—2010）第 9.1.8 条："在温度、收缩应力较大的现浇板区域内，应在板的表面双向配置防裂构造钢筋。配筋率均不宜小于 0.10%，间距不宜大于 200mm。防裂构造钢筋可利用原有钢筋贯通配置，也可另行设置钢筋并与原有钢筋按受拉钢筋的要求搭接或在周边构件中锚固。"

三、案例分析

在变电站内建筑物中，现浇混凝土楼板出现裂缝的现象较为普遍，它不仅影响使用功能，有损外观，而且破坏结构的整体性，降低刚度，引起钢筋锈蚀，影响耐久性。

混凝土抗拉性能比较差，截面受拉区容易出现裂缝，特别在温度、收缩应力较大的现浇板区域内需配置足够的抗裂钢筋。

查阅该工程施工图图纸，发现配电装置室屋面板结构图中存在部分设计错误，设计人员未在温度、收缩应力较大的现浇板表面双向配置防裂构造钢筋。在使用过程中，现浇楼板在恒活载作用下截面上部出现受拉区，混凝土被拉裂而出现屋面裂缝。

四、监督意见

由于未按照规范在温度和收缩应力较大的现浇板表面配置防裂构造钢筋，造成该工程屋面出现裂缝。一旦出现这种裂缝，整改方式一般是凿除现有屋面表层混凝土，重新配置屋面表层双向防裂钢筋。不仅影响变电站正常使用，而且还会造成一定时间的停电。建议技术监督人员在工程设计阶段对图纸等进行严格审查，对于这种情况，要求设计等人员严格按照规范要求配置双向防裂构造钢筋，对原材料质量、施工工艺较差等原因引起的屋面裂缝，也要在工程建设阶段采取一定的措施加以避免。

案例 15　建筑物外墙设计不满足耐久性要求

监督专业：土建　　　　　　　监督手段：查阅施工图
监督阶段：工程设计　　　　　　问题来源：现场勘察

一、案例简介

某 110kV 变电站新建工程，配电装置楼一层为 35kV 开关室，二层为 GIS 室。35kV 开关室外设有通向二层的室外楼梯，楼梯为钢筋混凝土结构，楼梯踏步与平台板紧靠配电装置室的外墙布置。该工程完工后，发现 35kV 开关室室外楼梯侧墙体出现渗水、外墙内表面起鼓、墙皮脱落等现象。

二、监督依据

《国家电网公司输变电工程质量通病防治工作要求及技术措施》第十八条："楼地面质量通病防治的设计措施……浴、厕、室外楼梯和其他有防水要求的楼板周边除门洞外，向上做一道高度不小于 200mm 的混凝土翻边，与楼板一同浇筑，地面标高应比室内其他房间地面低 20～30mm。"

三、案例分析

外墙作为建筑物外围防护体系的一部分，有效分隔了建筑物的外部环境和室内环境，并具有承担一定荷载、遮挡风雨、保温隔热、防止噪声等作用。外墙渗水将会降低工程结构的耐久性、安全性，无法有效地阻止雨水、雪水侵入墙体，墙体渗水后抗冻融、耐高低温、承受风荷载等性能较差，严重影响房间内电气设备的安全稳定运行。

该工程外墙漏水的主要原因为 35kV 开关室外墙有一侧靠近室外楼梯，室外楼梯和 35kV 外墙相邻的地方未按规范要求在外墙内侧设置混凝土防水坎，导致长时间积水渗入外墙。

四、监督意见

经技术监督后，在室外楼梯和 35kV 外墙相邻区域设置混凝土防水坎。

在工程设计及建设过程中，各参建单位需认真执行输变电工程质量通病防治工作的要求，建筑物室外楼梯的踏步及平台板在外墙内设置混凝土翻边，与踏步及平台板一道浇筑；也可以将室外楼梯踏步与建筑物外墙之间留置一定的距离。在工程设计阶段，技术监督人员应结合输变电工程质量通病防治工作相关要求等文件对图纸等进行审查，避免问题暴露在后阶段而整改不便。

案例 16 建筑物窗台不满足距地净高要求

监督专业：土建　　　　　　　监督手段：查阅施工图
监督阶段：工程设计　　　　　　问题来源：现场勘察

一、案例简介

某 110kV 变电站新建工程，站内布置配电装置楼和消防泵房两栋建筑物。配电装置楼一层布置有 10kV 开关室、主变压器室和安全工具间等房间，二层布置有电容器室、二次设备室等房间。投运后发现，该配电装置楼二层电容器室、二次设备室等房间临空外窗的窗台距楼地面净高为 0.70m，且未设置安全防护设施。

二、监督依据

《民用建筑设计统一标准》（GB 50352—2019）第 6.11.6 条："窗的设置应符合下列规定：公共建筑临空外窗的窗台距楼地面净高不得低于 0.8m，否则应设置防护设施，防护设施的高度由地面起算不应低于 0.8m。"

三、案例分析

该工程配电装置楼在建筑设计时，未考虑室内地坪建筑找平层及地坪层，造成窗台高度不足 0.80m。在变电站投运后，电容器、二次设备室等电气房间运维检修人员出入频繁，如果这类房间的临空外窗的窗台离地高度不够，且不设置防护措施，会对运检人员等带来较大安全隐患。

四、监督意见

该工程电容器室、二次设备室等房间临空外窗的窗台距楼地面净高不满足规范要求，并且未设置防护措施，有一定的安全隐患。经技术监督后，在相应窗户增加钢丝网等防护措施。在工程设计和工程建设阶段，应严格按照《民用建筑设计统一标准》（GB 50352—2019）等规程规范进行设计，变电站建筑物临空外窗的窗台距楼地面净高不得低于 0.8m，若不满足，需调整窗台标高或增加防护栏杆。

案例 17　变电站建筑物窗台不满足防水要求

监督专业：土建　　　　　　监督手段：查阅施工图
监督阶段：工程设计　　　　　问题来源：现场勘察

一、案例简介

某 110kV 变电站新建工程，10kV 开关室为单层建筑，现浇混凝土框架结构，填充墙采用混凝土砌块砌筑；窗户为 1.5m×1.5m 铝合金推拉窗，窗台离地高度为 0.9m，采用内窗台形式，窗台板采用人造黑色花岗岩板。运行一段时间后，窗台端部局部内墙面已出现裂纹，墙面内部已出现渗漏，给室内设备安全稳定运行带来一定安全隐患。

二、监督依据

（1）《国家电网公司输变电工程标准工艺（三）工艺标准库（2016 年版）》序号 0101010201：人造石或天然石材内窗台做法。

（2）《国家电网公司输变电工程质量通病防治工作要求及技术措施》第十六条："建筑物顶层和底层应设置通长现浇钢筋混凝土窗台梁，高度不宜小于 120mm，纵筋不少于 $4\phi10$，箍筋 $\phi6@200$；其他层在窗台标高处应设置通长现浇钢筋混凝土板带。窗口底部混凝土板带应做成里高外低。"

三、案例分析

建筑物墙体在窗户位置需要开洞，洞口处容易发生应力集中，从而造成墙体开裂。窗户洞口顶部一般均设置混凝土过梁，如洞口底部不做特殊处理，窗台底板容易开裂，雨天还会发生渗水。因此，需要设置通长现浇钢筋混凝土窗台梁或设置通长现浇钢筋混凝土板带。

该工程未执行《国家电网公司输变电工程质量通病防治工作要求及技术措施》墙体质量通病防治的技术措施中"在窗台底部设置通长现浇钢筋混凝土窗台梁"的要求，经过长时间后窗台下砌筑墙体出现裂缝，导致窗台渗水，不符合防水要求。

四、监督意见

经技术监督后，在窗台下设置通长的现浇钢筋混凝土窗台梁，窗台板、窗框与墙体洞口之间的缝隙做好密封处理。此类问题在变电站竣工验收后短期内尚无法暴露出，但在运行维护过程中较为常见，维修处理较困难。在工程设计及建设过程中，技术监督人员需认真执行输变电工程质量通病防治工作和标准工艺等相关要求；后期运行维护时，应检查是否存在由于窗台下墙体出现裂缝等原因造成窗台雨水渗漏的情况，保证室内设备安全运行。

案例18　室外楼梯扶手高度不满足净高要求

监督专业：土建　　　　　　　监督手段：查阅施工图

监督阶段：工程设计　　　　　问题来源：现场勘察

一、案例简介

某110kV变电站新建工程，站内布置有一栋二层现浇钢筋混凝土结构生产综合楼。为满足疏散要求，该建筑物设置了一处室内楼梯间和一处室外楼梯。室外楼梯扶手高度仅为0.70m，该扶手高度不足，不符合规程规范规定的安全要求。

二、监督依据

《民用建筑设计统一标准》（GB 50352—2019）第6.8.8条："室内楼梯扶手高度自踏步前缘线量起不宜小于0.9m。"

三、案例分析

楼梯作为人员上下楼和建筑物安全疏散的必经之路，其扶手一定要有足够的净空高度（不小于0.9m），才能保证行走人员的安全。该工程室外楼梯扶手高度仅为0.70m，小于规范规定的0.9m的净空高度要求，不能有效保证行走人员的安全。

设计图纸应明确楼梯扶手高度净空高度大于0.9m，建设过程中各方也要严格按照设计图纸上的净高要求执行，否则因楼梯扶手高度不够极易造成行人翻落等安全事故。

四、监督意见

在工程设计和工程建设过程中，需严格执行《民用建筑设计统一标准》（GB 50352—2019）要求，楼梯扶手踏步段净高不小于0.9m，平台段净高不小于1.2m，同时需考虑室外楼梯栏杆下挡水高度。经技术监督后，对楼梯扶手进行了整改，满足扶手踏步和平台段净高要求。同时，技术监督人员还应留意疏散通道的设计，安全出口的数量和布置、楼梯的疏散宽度等安全疏散设计需满足《建筑设计防火规范》（GB 50016—2014）（2018年版）等规范的要求。

案例 19 室内土方回填不满足沉降要求

监督专业：土建　　　　　　　　监督手段：查阅施工图
监督阶段：工程设计　　　　　　问题来源：现场勘察

一、案例简介

某 110kV 变电站新建工程，该站内 35kV 开关室为单层建筑，采用现浇混凝土框架结构，基础采用钢筋混凝土桩基承台。投运一段时间后，地面出现明显沉降，开关柜柜体倾斜。该开关室所在场地属场平填方区，填方平均高度约 5m，采用碎石土分层压实回填，但室内回填土质量不合格，造成地面发生较大且不均匀的沉降。

二、监督依据

《国家电网公司输变电工程质量通病防治工作要求及技术措施》第十八条："楼地面质量通病防治的设计措施 2. 处于地基土上的地面，应根据需要采取防潮、防基土冻胀、湿陷，防不均匀沉陷等措施。"

三、案例分析

对于变电站内的单层生产建筑，开关柜等设备一般直接放置在地面上，对地面的沉降要求较高。如果地面发生不均匀沉降，很可能对电气设备安全运行产生影响。

该工程开关室所在区域填方平均高度约 5m，容易产生不均匀沉降，建设过程必须要对回填土质量做严格控制。

该工程在建设过程中，回填土处理并未按规范要求进行分层回填压实，也未检测每层土的压实系数，总体回填土的压实质量不满足规范要求，后期地基土出现固结沉降，导致室内地面下沉。

四、监督意见

为防止沉降进一步发展，保证建筑物内设备安全稳定运行，暂时对设备进行停电隔离，对存在沉降区域重新开挖并重新分层夯实处理。

对于室内地面地基土的回填，特别是处于场平填方区范围内的建筑物，应采取预防地基土下沉的措施。在回填土施工过程中，分层夯实是关键之一，每层检验合格后方可继续施工；技术监督人员应做好施工检查工作，地基土回填质量不合格不允许进行下一步施工。该类问题短期内无法察觉，一旦出现，将严重影响站内设备的安全稳定运行，且整改复杂，可能造成变电站长时间停电。

案例 20　变电站站外排水不满足水土保持要求

监督专业：土建　　　　　　　监督手段：查阅设计报告

监督阶段：工程设计　　　　　问题来源：现场勘察

一、案例简介

某 220kV 变电站新建工程，站址南侧 200m 有一自然冲沟可供站外排水。但在项目建设过程中，考虑到自然冲沟距离变电站太远，站外排水采用直接经围墙外防洪沟排至站外的方式，而未设沟渠或暗管等排至自然冲沟。水土保持验收时，验收人员提出变电站利用防洪沟直接排水极易引起部分水土流失。

二、监督依据

《生产建设项目水土保持技术标准》（GB 50433—2018）第 4.6.8 条："截（排）水措施布设应符合下列规定：对工程建设破坏原地表水系和改变汇流方式的区域，应布设截水沟、排洪渠（沟）、排水沟、边沟、排水管以及与下游的顺接措施，将工程区域和周边的地表径流安全排导至下游自然沟道区域；应初步确定截（排）水措施的位置、标准、结构、断面形式和长度。"

三、问题分析

变电站排水管和窨井主要起收集并排出场区内雨水的作用。一般情况下，站外排水均通过暗管、涵洞或沟渠接至站外自然水系或市政雨水系统内，这种排水方式通常不会造成水土流失。

该站站外排水首先排至防洪沟，又考虑到可供排水的自然冲沟距离太远，防洪沟并未与自然冲沟相连，站区雨水将通过防洪沟直接排至站外场地，长年累月地冲刷排水出口处地面，极易带来水土流失问题。

四、监督意见

针对该工程，建议在站区排水排洪沟与自然冲沟间增加排水沟至自然冲沟，在排水沟末端增加汇流池。这样虽然增加了工程投资，提高了施工的复杂程度，但是有效避免了水土流失的风险。

在工程设计中，应充分重视排水对当地水土保持的影响。土建和给排水专业设计人员应严格按照环境水土保持报告和相关规程规范要求，合理优化设计方案，尤其是在水土保持敏感地区，避免出现直接排水至自然地貌而影响水土保持的情况。

案例 21　室外电缆沟不满足排水要求

监督专业：土建　　　　　　监督手段：查阅施工图
监督阶段：工程设计　　　　问题来源：现场勘察

一、案例简介

某 220kV 变电站位于市政道路旁，站区雨水汇集后排入市政雨水管网。站区电缆沟采用混凝土浇筑，沟深 1.5m，电缆沟内积水通过排水管接入附近的雨水检查井，排入站区雨水管网。运行一段时间后，发现该站室外电缆沟存有积水无法有效排出。

二、监督依据

（1）《国家电网公司输变电工程通用设计　35kV～110kV 智能变电站模块化建设施工图设计》第 6.4.8.2 条："场地排水应根据站区地形、地区降雨量、土质类别、站区竖向及道路综合布置，变电站内排水系统宜采用分流制排水。站区雨水采用散排或有组织排放。生活污水采用化粪池处理，定期处理。站区排水有困难时，可采用地下或半地下式排水泵站。"

（2）《变电站和换流站给水排水设计规程》（DL/T 5143—2018）第 5.1.3 条："排水系统宜设置为自流排水系统，不具备自流排水条件时应采用水泵升压排水方式。"

三、案例分析

经过现场勘察，发现造成电缆沟积水无法排出的原因有：

（1）部分电缆沟至站区排水主网的连接管道发生堵塞，导致电缆沟内的水无法排入站内排水管网。

（2）站区排水主网向站外排水不畅，排水管网内存在积水，倒灌至电缆沟。

为解决电缆沟内存有积水无法排出的问题，可采取以下两种措施：

（1）疏通电缆沟至站区排水主网的连接管道，并在端部用镀锌钢丝网封口，防止异物进入。

（2）增加地下雨水泵池，将站内排水管网内的水强排至站外市政管网，减少站内排水管内积水。

四、监督意见

在工程设计中，站区总排水方案应合理可靠，一般结合周边管网情况和站区地形、竖向设计等考虑有组织或者散排方式。该工程周边有市政管网，可以直接排至站外已建成的雨水管网，但还需结合坡度和管径的设计综合考虑是否建设排水泵池，避免排水主网出现严重积水。另外，电缆沟底部排水横坡和排水槽纵坡的坡度应满足排水要求，电缆沟至排水主网的排水管应通畅，避免异物进入堵塞。为避免竣工验收或运维检修阶段出现排水问题，技术监督人员应将隐患消除在工程设计阶段，按照上述要求，加强施工图和设计方案的审查。

案例 22　变电站生活污水处理方案不满足环保要求

监督专业：土建　　　　　监督手段：查阅设计方案
监督阶段：工程设计　　　　问题来源：现场勘察

一、案例简介

某 220kV 变电站新建工程，站内污水主要来源为生活污水。由于站址所在区域环境较为敏感，该工程委托了相关环评单位编制了环评报告书并经环保部门批复。环保部门批复意见明确该工程污水处理方案为处理达标后回用，但设计方案未严格按照环保部门要求执行，生活污水采用处理后排至站外，处理方案不满足环保要求。

二、监督依据

《变电站和换流站给水排水设计规程》（DL/T 5143—2018）第 5.6.1 条："生活污水处理设施的工艺流程应根据污水性质、回用或排放要求确定。"

三、案例分析

我国社会经济持续进步，环境保护问题得到了广泛的关注，变电站工程建设前均需要进行环评，环评意见对工程的建设有着重要的指导意义。

该工程环评报告书和环保部门批复的污水处理方案一致，均为生活污水需经处理达标后回用，不可排至站外。但环评方案编制时未能严格按照环保部门要求执行，生活污水简单处理后就排入站区排水管网，并随站区雨水排入站外水系，可能对环境造成较大污染，并存在较大的后期整改风险。

四、监督意见

经技术监督后，对设计方案进行了修改调整，设置生活污水处理系统，生活污水通过地埋式污水处理装置，经二级生物化学处理并进行消毒后排入站区复用水池，用于站区降尘或冲洗道路，不外排。

在工程设计阶段，环评方案应严格按照相关规程规范及当地环保部门要求，充分重视排水对当地水土保持的影响，合理优化设计方案；尤其在水土保持敏感地区，应避免出现污水外排情况出现。技术监督人员应结合政府部门出具的环评批复，核实设计方案是否满足环评要求。

案例 23　变电站建（构）筑物不满足防火间距要求

监督专业：土建　　　　　　监督手段：查阅施工图
监督阶段：工程设计　　　　问题来源：现场勘察

一、案例简介

某 110kV 变电站 2 号主变压器扩建工程，110kV 构架、开关室室内电缆沟部分已按终期规模建成，本期扩建 2 号主变压器布置在前期的预留位置，扩建的电容器布置在 35kV 开关室东南侧。工程平面布置图如图 2-6 所示。该工程本次新建的 10kV 电容器距生产综合楼北侧大门洞口距离仅为 5.05m，小于防火规范规定的 10m 的防火间距要求。

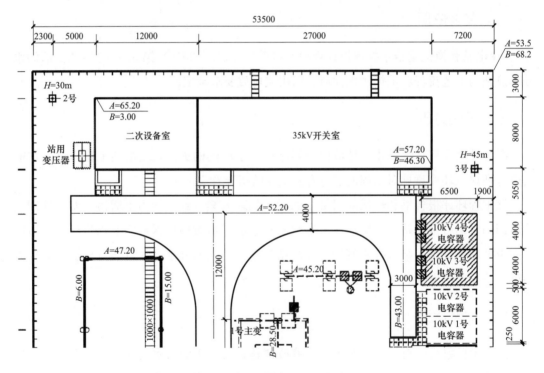

图 2-6　主变压器扩建工程平面布置图

二、监督依据

《火力发电厂与变电站设计防火标准》（GB 50229—2019）第 11.1.5 条规定，变电站内建（构）筑物及设备的防火间距不应小于表 2-4 的规定。

表 2-4　　　　　　　　变电站内建（构）筑物及设备的防火间距　　　　　　　　（m）

建（构）筑物、设备名称	丙、丁、戊类生产建筑耐火等级		屋外配电装置每组断路器油量（t）		可燃介质电容器（棚）	事故储油池	生活建筑耐火等级	
	一、二级	三级	<1	≥1			一、二级	三级
可燃介质电容器（棚）	10		10		—	5	15	20

第 11.2.1 条："生产建筑物与油浸变压器或可燃介质电容器的间距不满足 11.1.5 条的要求时，应符合下列规定：当建筑物与油浸变压器或可燃介质电容器等电气设备间距小于 5m 时，在设备外轮廓投影范围外侧各 3m 内的建筑物外墙上不应设置门、窗、洞口和通风孔，且该区域外墙应为防火墙，当设备高于建筑物时，防火墙应高于该设备的高度；当建筑物外墙 5～10m 范围内布置有变压器或可燃介质电容器等电气设备时，在上述外墙上可设置甲级防火门，设备高度以上可设防火窗，其耐火极限不应小于 0.90h。"

三、案例分析

本期扩建的电容器位置已在前期工程中预留，但其余建（构）筑物及设备布置较为紧凑，同时站内已经过多次改造，导致现有 2 台 10kV 电容器预留空间有限。

新增 10kV 电容器距生产综合楼南侧大门洞口距离仅为 5.05m，不满足《火力发电厂与变电站设计防火标准》（GB 50229—2019）11.1.5 条中建筑物距可燃介质电容器最少为 10m 防火间距的要求。

由于场地受限，无空余空间完全按照上述标准中 11.1.5 条进行布置，但可依据 11.2.1 条要求，当在建筑物外墙设置甲级防火门时，将防火距离缩至 5～10m。该工程中，生产综合楼靠近电容器的大门为乙级防火门，故本次扩建中需将 35kV 开关室靠近电容器的乙级防火门拆除，并更换为甲级防火门。

四、监督意见

该工程中 35kV 开关室已按照远期规模建设，本期扩建的电容器布置距离开关室不足 10m，但已超过 5m，可采取将开关室南侧乙级防火门更换为甲级防火门的方式。为防止在扩建工程中出现对运行变电站内建筑物改造的情况，建议在变电站新建时就要考虑到远期扩建的建筑物、设备的防火距离。如果远期扩建设备间或建筑物间的防火距离不满足要求，一期建设时就应该按照不利情况提前采取相应措施。

案例 24　配电装置室洞口不满足进排风要求

监督专业：土建　　　　　　　　监督手段：查阅施工图
监督阶段：工程设计　　　　　　问题来源：现场勘察

一、案例简介

某 220kV 变电站工程，配电装置室为单层建筑，其中蓄电池室采用机械排风、自然进风方式，事故排风机兼作通风机用。该蓄电池室两侧均为房间，另一侧为过道，均不

图 2-7　轴流风机和进风口

能布置轴流风机和进风口，设计方案采取轴流风机和进风口设在同一面外墙上，导致进、排风口气流短路，如图 2-7 所示。高温时蓄电池室室内温度过高，事故时通风量不足，存在较大安全隐患。

二、监督依据

（1）《国家电网有限公司关于印发十八项电网重大反事故措施（修订版）的通知》（国家电网设备〔2018〕979 号）第 10.2.1.13 条："电容器室进风口和出风口应对侧对角布置。"

（2）《工业建筑供暖通风与空气调节设计规范》（GB 50019—2015）第 6.3.5 条："机械送风系统进风口位置应符合下列规定：① 应直接设置在室外空气较清洁的地点；② 近距离内有排风口时，应低于排风口；③ 进风口的下缘距室外地坪不宜小于 2m，当设置在绿化地带时，不宜小于 1m；④ 应避免进风、排风短路。"

三、案例分析

该变电站配电装置室采用自然进风、机械排风的暖通方案，但轴流风机和进风口设在同一面墙体上，造成该房间内气流短路，通风方案不满足《工业建筑供暖通风与空气调节设计规范》（GB 50019—2015）第 6.3.5 条的规定。

为解决该问题，需要在蓄电池室轴流风机内侧增加风管，避免进、排风口布置在同侧。经过上述方法处理，蓄电池室散热问题基本解决，事故通风量不满足规范造成的安全隐患也得以解决。

四、监督意见

该工程室内未形成气流循环。为保证室内气流组织，进、排风口宜采取房间对侧或者对角布置；确因房间布置或设备布置影响，进、排风口距离较近时，轴流风机可采取加装风管措施，以保证通风效果。

在工程设计中，应根据建筑和电气设备布置，严格按照《工业建筑供暖通风与空气调节设计规范》（GB 50019—2015）等规范要求，确定通风设计方案，合理的布置进、排风口，确保整个气流走向的畅通，获得最佳的通风效果。

同时，对于 GIS 室、SF_6 断路器开关柜室房间，依据《民用建筑电气设计规范》（JGJ 16—2008）第 4.10.8 条"装有六氟化硫（SF_6）设备的配电装置的房间，其排风系统应考虑有底部排风口"，含 SF_6 设备的配电装置室应考虑排风装置，当配电装置室 SF_6 浓度超标时，自动启动相应的风机。技术监督人员应加强工程设计阶段的图纸核查，避免出现影响设备安全稳定运行的隐患。

案例 25 事故储油池不满足主变压器油量要求

监督专业：土建 　　　　　监督手段：查阅施工图

监督阶段：工程设计 　　　　问题来源：现场勘察

一、案例简介

某 500kV 变电站 2 号主变压器扩建工程，一期建设于 2014 年，按当时规范要求，事故油池容量按油量最大的设备的 60％ 油量确定，有效容积为 99m³。本期扩建 1 台 750MVA 户外三相一体变压器，主变压器油量为 150t。根据《火力发电厂与变电站设计防火标准》（GB 50229—2019）和《高压配电装置设计规范》（DL/T 5352—2018），需按照主变压器油量的 100％ 设计，事故油池需要有效容积为 168m³。一期建设的事故储油池有效容积不够，发生主变压器漏油事故时，事故油有漏至站区排水管网的风险。

二、监督依据

（1）《火力发电厂与变电站设计防火标准》（GB 50229—2019）第 6.7.8 条："总事故储油池的容量应按其接入的油量最大的一台设备确定，并设置油水分离装置。"

（2）《高压配电装置设计规范》（DL/T 5352—2018）第 5.5.4 条："当设置有总事故储油池时，其容量宜按其接入的油量最大一台设备的全部油量确定。"

三、案例分析

原事故油池体积不满足《火力发电厂与变电站设计防火标准》（GB 50229—2019）第 6.7.8 条和《高压配电装置设计规范》（DL/T 5352—2018）第 5.5.4 条有关事故储油池容量的规定，若主变压器发生漏油事故，事故油无法完全排至事故储油池，可能残留在主变压器至事故储油池管道内，也有可能溢出事故储油池进入到排水系统内，不仅会随着排水系统流入周边水系或市政雨水管网内，造成环境污染，而且存在较大的消防安全隐患。为了满足新规范的要求，本次扩建需要对事故储油池进行改造。

工程设计阶段，应综合考虑防火间距、管道布置、事故储油池开挖施工对周边影响等多个因素，选择安全性高、工作量小、施工空间大及施工速度快的扩建方案。

在施工阶段，扩建变电站新增或拆除新建事故储油池时，由于事故储油池较深，站内带电设备较多，施工单位需做好施工组织设计，选择合适施工方式，尽量减少事故储油池施工对周边的影响。

四、监督意见

更新后的《火力发电厂与变电站设计防火标准》（GB 50229—2019）和《高压配电装置设计规范》（DL/T 5352—2018）增加了对事故储油池的容量要求，事故储油池容量按最大主变压器油量确定后，若主变压器发生漏油事故，事故油可以被全部收集在事故储油池中，避免了事故油通过雨水系统对周边环境产生影响的可能性，增加了事故油处理的安全性。经技术监督后，修改了设计方案，拆除重建现有事故储油池，并满足距周边建构筑物的防火距离。

在扩建工程中，因规范更新而存在对运行变电站事故储油池进行扩建改造的可能。技术监督人员应加强规程规范的学习，掌握标准文件等修订情况，在方案核查过程中，重点关注是否满足现有要求。

第三章 线路电气工程

案例 1　涉及敏感区域未取得协议

监督专业：电气设备性能　　监督手段：查阅可研报告

监督阶段：规划可研　　　　问题来源：工程前期

一、案例简介

某 220kV 架空线路工程路径长约 16.5km，全线采用双回路架设，线路因现场条件限制，线路涉及跨越生态庄园和农业园等敏感区域，如图 3-1 和图 3-2 所示。可研评审时，技术监督人员发现工程未取得生态庄园和农业园产权人关于同意该工程线路路径的协议。

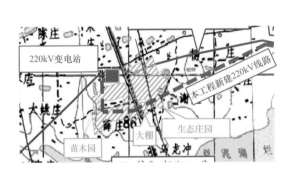

图 3-1　220kV 变电站出线段示意图

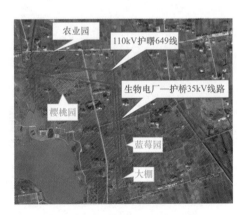

图 3-2　线路途经农业园示意图

二、监督依据

（1）《输电杆塔全过程技术监督精益化管理实施细则》（规划可研阶段）序号 2，监督要点 3："分析路径方案林木砍伐和拆卸情况，提出跨越树木的长度及主要树种自然生长高度，跨越苗圃、经济林、成片林区的应取得相关协议。"

136

（2）《220kV 及 110（66）kV 输变电工程可行性研究内容深度规定》（Q/GDW 10270—2017）第 9.2 条："跨越苗圃、经济林、公益林时应提供相关赔偿依据。"

三、案例分析

在工程设计阶段，建设单位未取得敏感区域跨越协议，对外部协调风险采取的管控措施不足，给后期建设阶段埋下隐患，可能造成设计方案出现重大变更、建设费用超概算等一系列问题。

四、监督意见

技术监督人员要求，建设单位在可研评审收口阶段取得所涉及生态庄园和农业园产权人同意线路路径的协议。经向当地政府部门了解，线路涉及生态庄园和农业园产权归当地镇政府所有，经沟通协调，当地镇政府同意线路路径，并对线路跨越赔偿标准作出回复。

案例 2 路径涉矿协议获取不齐全

监督专业：电气设备性能　　监督手段：查阅初设报告
监督阶段：工程设计　　　　问题来源：初设评审

一、案例简介

某 220kV 线路工程，市级国土资源局回函指出："拟建工程选址范围未压覆我市重要矿产资源"。初设评审时，技术监督人员提出该工程未取得省级国土资源部门回函，也未向省级国土资源主管部门开展涉矿调查，涉矿协议获取不齐全。后经核实，线路路径压覆省国土部门设置的探矿权一处。

二、监督依据

《输变电工程初步设计内容深度规定　第 6 部分：220kV 架空输电线路》（Q/GDW 10166.6—2016）第 21 条："初步设计附件应包括以下内容：c）输电线路建设所涉及有关单位的协议，如：政府、规划、国土……"

三、案例分析

该工程线路未压覆市级国土资源部门管辖矿产资源，压覆省级国土资源部门管辖探矿权一宗。建设、设计等单位在工程设计阶段未排查清楚线路沿线矿产资源分布情况，导致后续建设施工阶段可能出现重大方案变更、费用超概算等风险。

四、监督意见

根据我省矿权分级设置情况，输变电工程建设需取得县级、市级、省级三级国土部门书面意见，避免出现矿权遗漏现象。技术监督人员要求建设单位进一步征询省国土资源厅对线路路径的意见，明确是否压覆省级矿产资源，并在初设收口前取得有效回函。

案例3　路径发生较大调整未重新取得协议

监督专业：电气设备性能　　监督手段：查阅初设报告
监督阶段：工程设计　　　　问题来源：初设评审

一、案例简介

某 110kV 风电送出线路工程，可研阶段 220kV 变电站进线段推荐路径采用西方案。由于西方案房屋拆迁量较大，设计单位在初设阶段将该段线路路径调整为东方案。东方案路径长度稍长，但是避免了大量房屋拆迁。路径调整后，未补充路径变更的相关协议，调整前后路径方案如图 3-3 所示。

图 3-3　调整前后路径方案

二、监督依据

（1）《输电杆塔全过程技术监督精益化管理实施细则》（规划可研阶段）序号 2，监督要点 1："路径选择应避开军事设施、大型工矿企业及重要设施等，符合城镇规划。"

（2）《输变电工程可行性研究内容深度规定》（DL/T 5448—2012）第 3.5.2.8 条："推荐路径方案：①简要说明推荐路径方案。②说明推荐路径方案与沿线主要部门原则协议（各级规划、保护区、风景名胜区、其他军事及民用设施等）情况。③说明推荐路径沿线水文、地质、地形、地貌、地物情况。地质环境评价。"

三、案例分析

初设阶段，部分线路路径发生调整，经核实，线路横向位移大于 500m 的累计长度超过原路径长度的 30%。根据"一单一册"文件，该工程路径调整属于路径发生较大变化，需重新办理相关协议，履行项目复审和复核手续。但设计单位仅考虑了技术方案调整，忽略了线路路径支撑性文件的必要调整。

四、监督意见

技术监督人员要求，应结合调整后的线路路径，进一步完善当地规划部门的书面回复意见，应对资料多方验证，明确掌握类似敏感点、障碍物等相关情况，避免出现颠覆性问题；同时重新编制工程可研报告，履行项目复审和复核手续。

案例4 变电站出线方案未考虑多方案比选

监督专业：电气设备性能　　监督手段：查阅可研报告
监督阶段：规划可研　　　　问题来源：工程前期

一、案例简介

自A风电场升压站新建1回110kV线路至110kV B变电站，B变电站本期扩建A风电间隔。推荐方案在扩建的A风电间隔向东偏南出线，跨越国道后，左转沿国道东侧走线约90m，之后左转再次跨越国道，原设计B变电站进线段路径如图3-4所示。

设计方案需重复跨越国道，不但增加了跨越措施费用，而且降低了线路运行的可靠性。另外，线路对B变电站北侧一栋三层楼房形成包夹，实施阶段民事协调较为困难。

图3-4　原设计B变电站进线段路径图

二、监督依据

《220kV及110（66）kV输变电工程可行性研究内容深度规定》（Q/GDW 10270—2017）第9.1条："说明变电站进出线位置、方向、与已建和拟建线路的相互关系。根据需要，论述近远期过渡方案。"

第9.2条："线路路径方案应考虑以下方面：a）输电线路路径选择应重点解决线路路径的可行性问题，避免出现颠覆性因素。b）根据室内选线、现场勘察、收集资料和协议情况，原则上宜提出两个及以上可行的线路路径，并提出推荐路径方案。c）明确线路进出线位置、方向，与已有和拟建线路的相互关系，重点了解与现有线路的交叉关系。"

三、案例分析

设计人员在进行变电站进出线方案设计时，未进行多方案比选，且存在思维定式，认为在变电站同一侧进出线，方向理所当然要保持一致。加上受 B 变电站的站址位置限制，导致该工程线路在 B 变电站附近反复跨越国道，并对 B 变电站北侧一栋三层楼房形成包夹。

四、监督意见

技术监督人员要求设计单位结合 A 风电场升压站与 B 变电站的相对位置关系和线路路径总体走向优化 B 变电站进线方案。经现场勘察，将该风电间隔调整为反向进线，即向西偏北进线。进线方案优化后，路径长度减少约 0.3km，避免反复跨越国道及形成民房包夹，节约投资约 62 万元，有效减少了民事协调难度并提高了线路运行的可靠性。优化后 B 变电站进线段路径图如图 3-5 所示。

图 3-5 优化后 B 变电站进线段路径图

案例 5　开断方案不合理导致停电时间较长

监督专业：电气设备性能　　监督手段：查阅可研报告
监督阶段：规划可研　　　　问题来源：工程前期

一、案例简介

某新建 220kV 变电站 110kV 送出工程，根据系统接入方案，在 110kV A 变电站出线处将 B—A 110kV 线路其中一回开断环入 220kV C 变电站。原方案为在原 72 号杆和 73 号杆间开断，经校验，原 72 号杆满足开断后使用条件，原 73 号杆需拆除重建，如图 3-6 所示。

新建 73 号杆位于原线路下方，杆塔型式为钢管杆，基础型式为钻孔灌注桩基础，该杆塔基础施工时需要 B—A 110kV 线路长时间配合停电。

二、监督依据

《220kV 及 110（66）kV 输变电工程可行性研究内容深度规定》（Q/GDW 10270—2017）第 9.2 条："线路路径方案应考虑以下方面：a）输电线路路径选择应重点解决线路

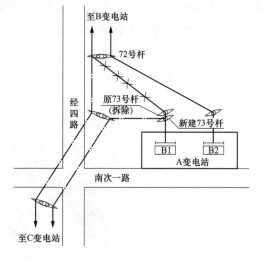

图 3-6　原设计开断方案

路径的可行性问题，避免出现颠覆性因素。b）根据室内选线、现场勘察、收集资料和协议情况，原则上宜提出两个及以上可行的线路路径，并提出推荐路径方案。c）明确线路进出线位置、方向，与已有和拟建线路的相互关系，重点了解与现有线路的交叉关系。"

三、案例分析

线路开断不可避免地涉及被开断线路的停电，但在设计过程中应综合现阶段施工技术手段、造价等多方面因素，合理选择经济性最优、停电时间相对短的技术方案。针对该工程，原设计方案停电时间较长，对电网运行带来不利影响。

四、监督意见

技术监督人员要求进一步结合现场实际情况优化开断方案，提出保留原 73 号杆，在

原 73 号杆西北侧新建一基钢管杆对 B—A 110kV 线路开断的方案，同时对原 72 号杆和
73 号杆使用条件进行校验，论证该方案的可行性。采用优化后的开断方案，不仅造价略
微降低，而且大大减少了停电时间，为该工程后期的顺利实施提供了保障，更为合理。
优化后的开断方案如图 3-7 所示。

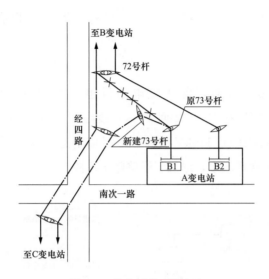

图 3-7　优化后的开断方案

案例 6　系统方案未考虑减少线路交叉次数

监督专业：电气设备性能　　监督手段：查阅可研报告
监督阶段：规划可研　　　　问题来源：工程前期

一、案例简介

某新建 110kV 输变电工程，自 A 变电站新建 2 回 110kV 线路"T"接至 B—C 110kV 线路，形成 A"T"接 B—C 2 回 110kV 线路，如图 3-8 所示。设计单位推荐方案，将"T"接点选择在 B—C 110kV 线路原 3 号塔附近，该系统方案 110kV 线路接线方式复杂，且线路交叉次数较多，增加了线路隐患风险。

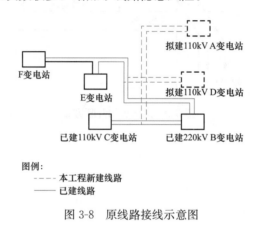

图例：
- - - - 本工程新建线路
———— 已建线路

图 3-8　原线路接线示意图

二、监督依据

《220kV 及 110（66）kV 输变电工程可行性研究内容深度规定》（Q/GDW 10270—2017）第 9.2 条："线路路径方案应考虑以下方面：a）输电线路路径选择应重点解决线路路径的可行性问题，避免出现颠覆性因素。b）根据室内选线、现场勘察、收集资料和协议情况，原则上宜提出两个及以上可行的线路路径，并提出推荐路径方案。c）明确线路进出线位置、方向，与已有和拟建线路的相互关系，重点了解与现有线路的交叉关系。"

三、案例分析

设计单位在考虑系统方案时，思维较为局限，没有全面掌握该地区系统接线方案及线路走线情况，没有考虑方案的优化性和合理性。系统方案并不具有唯一性，在设计时应注重多种方案的比较分析，在技术层面满足要求的前提下，应首选经济性最优、相对合理的技术方案。实际上，A、D 两座变电站系统定位基本一致，其接入系统方案互换对地区电网基本无影响，且减少了线路交叉次数。

四、监督意见

技术监督人员要求设计单位进一步核实优化系统方案。经核实，A、D 变电站均为拟建 110kV 变电站，将 D 变电站和 A 变电站接入系统方案互换，即从 A 变电站新建 2 回 110kV 线路分别"T"接至 B—F、B—E 110kV 线路，D 变电站改"T"接至 B—C 110kV 双回线路，如图 3-9 所示。缩短了新建线路路径长度，减少了线路交叉跨越次数，且系统方案调整后对整体电网没有影响。

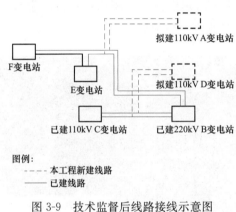

图例：
- - - - 本工程新建线路
———— 已建线路

图 3-9　技术监督后线路接线示意图

通过对线路"T"接方案的统一优化，减少了新建线路路路径长度（新建线路路径长度约 14.7km），避免了在 110kV D 变电站侧的交叉跨越，降低了工程造价，提高了线路运行安全性。

上述两个方案的对比分析如表 3-1 所示。

表 3-1　　　　　　　　　技术监督前、后路径方案对比分析

项目	技术监督前	技术监督后	对比说明
路径长度	16.5km	14.7km	评审后路径减少 1.8km
杆塔数量	新建双回路钢管杆 120 基	新建双回路钢管杆 110 基	评审后杆塔减少 10 基，D 变电站侧减少一次交叉跨越
本体费用	2292 万元	2107 万元	评审后本体节省造价 185 万元
交叉跨越	线路需跨越 B—F 110kV 线路、D"T"接 B—E 110kV 线路	D 变电站侧无交叉跨越	评审后方案较评审前减少了交叉跨越次数，提高了线路运行的安全可靠性，降低运维维护费用

案例 7　线下树种识别不准确

监督专业：电气设备性能　　监督手段：查阅初设报告
监督阶段：工程设计　　　　问题来源：现场勘察

一、案例简介

某 220kV 输电线路工程，约 1.8km 输电线路路径涉及成片松树，线路路径如图 3-10 所示。设计方案采取高跨方式通过该段区域，将该松树识为火炬松，自然生长高度取 20m。经现场调查，路径下方跨越松树为马尾松，其自然生长高度可达 25m。因树种识别不准确导致松树自然生长高度取值偏低。

图 3-10　跨越松树林段线路路径图

二、监督依据

（1）《国家电网有限公司关于印发十八项电网重大反事故措施（修订版）的通知》（国家电网设备〔2018〕979 号）第 6.7.1.2 条："架空线路跨越森林、防风林、固沙林、河流坝堤的防护林、高等级公路绿化带、经济园林等，当采用高跨设计时，应满足对主要树种的自然生长高度距离要求。"

（2）《输电杆塔全过程技术监督精益化管理实施细则》（工程设计阶段）序号 6，监督要点 1："架空线路跨越森林、防风林、固沙林、河流坝堤的防护林、高等级公路绿化带、经济园林等，宜根据树种的自然生长高度采用高跨设计。"

三、案例分析

设计单位对现场树木种类调查不够充分，对线下树木自然生长高度估计不足，增加了后期线路运行维护阶段的不确定性风险。待树木成长至自然生长高度后，将危害线路安全运行，降低线路运行可靠性。

在实际工作中，设计人员应结合现场实地考察，准确识别树种，合理确定树木生长高度、杆塔呼高。

四、监督意见

技术监督人员要求设计单位在进行杆塔呼高设计时，将线下树木自然生长高度按25m考虑，将跨越松树林段杆塔呼高由27、30m分别提升至33、36m，满足跨越要求。

开展技术监督工作前后方案技术经济对比如表3-2所示。

表 3-2 技术监督工作前后方案技术经济对比

对比项	技术监督前	技术监督后
杆塔模块	2F4	2F4
杆塔呼高（m）	27、30	33、36
杆塔塔重（t）	75.4	88.5
基础混凝土量（m³）	117	140
造价（万元）	157.0	169.7

案例 8　线路对规划加油站距离不满足安全要求

监督专业：电气设备性能　　监督手段：查阅可研报告
监督阶段：规划可研　　　　问题来源：工程前期

一、案例简介

某 110kV 输变电工程，可研评审时，技术监督人员发现新建线路原 A2 塔位置与一处规划地块冲突。经核实，该处规划地块后期拟建一座加油站。新建线路杆塔位于规划加油站范围内，不满足安全距离要求，如图 3-11 所示。

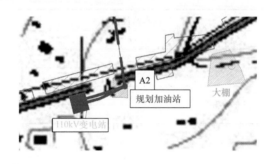

图 3-11　原 A2 塔与规划加油站位置重叠

二、监督依据

《输电杆塔全过程技术监督精益化管理实施细则》（规划可研阶段）序号 6，监督要点 2："架空输电线路与甲类火灾危险性的厂房、甲类物品库房、易燃、易爆材料堆场以及可燃或易燃、易爆液（气）体储罐的防火距离不应小于杆塔高度 1.5 倍。"

三、案例分析

设计单位前期收资不准确，认为线路不在城市规划区内，没有对规划图中相关规划地块性质引起足够重视，直接将塔位布置在规划加油站范围内，不满足安全距离要求。另外，若在施工过程中发现这一问题，则可能导致线路改线或协调搬迁加油站等，均会对工程建设带来极不利影响。

四、监督意见

技术监督人员要求建设单位配合设计单位，对拟建加油站等级、储油罐位置等开展全面收资。综合考虑现场条件，将变电站调整为向西偏北出线，新建线路利用房屋之间通道向北跨越县道后，右转接入原 A4 塔。调整后，新建线路距离规划加油站距离约300m，满足安全距离要求，如图 3-12 所示。

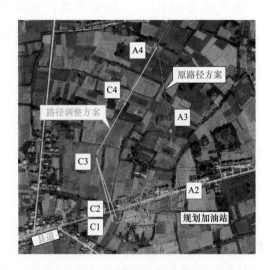

图 3-12　路线路径方案调整前后示意图

案例 9 220kV 变电站进出线走廊未统筹规划

监督专业：电气设备性能 监督手段：查阅可研报告
监督阶段：规划可研 问题来源：工程前期

一、案例简介

某 220kV 变电站位于工业园区内，远期 220kV 出线 8 回、110kV 出线 12 回，本期 220kV 出线 2 回、110kV 出线 4 回。在可研阶段，建设单位及设计单位仅针对本期出线线路取得开发区的路径协议，未考虑预留远期出线走廊，待远期线路建设时可能出现无走廊通道的情况。

二、监督依据

（1）《输电杆塔全过程技术监督精益化管理实施细则》（规划可研阶段）序号 6，监督要点 5："110kV～750kV 架空线路在大型发电厂和枢纽变电站的进出线、两回或多回路相邻线路应统一规划，在走廊拥挤地段宜采用同杆塔架设。"

（2）《110kV～750kV 架空输电线路设计规范》（GB 50545—2010）第 3.0.6 条："大型发电厂和枢纽变电所的进出线、两回或多回路相邻线路应统一规划，在走廊拥挤地段宜采用同杆塔架设。"

三、案例分析

220kV 输变电工程规模相对较大，各电压等级线路较多，一般会有多家设计单位参与。不同设计单位往往根据自己负责工程的需要和便利占用出线间隔及出线走廊，未考虑其他项目的建设因素，这种情况在变电站位于城区和规划区内影响尤为突出。该区域用地紧张，线路走廊局限性大，在工程前期如不统筹考虑终期规模的线路走廊，会导致前期线路建成投运后，后期线路无走廊可用。

对于进出线回路数较多的变电站，应综合考虑本、远期路径方案，做好走廊规划。在变电站进出线一定范围内（一般为 2km），预留满足远期进出线要求的走廊宽度，确保互不影响，并向当地政府、规划部门落实远期线路走廊保护协议。

四、监督意见

技术监督人员要求建设单位配合设计单位，对该变电站所有进出线（约 2km 范围内）进行统筹规划，并取得当地规划部门书面意见，同时要求后续类似工程参照此原则执行。

案例 10　新建线路导线截面不满足输送容量要求

监督专业：电气设备性能　　监督手段：查阅可研报告
监督阶段：规划可研　　　　问题来源：工程前期

一、案例简介

某市电网系统方案为自 A、C 两座变电站，分别新建 2 回 220kV 线路至拟建 D 变电站，形成 A—D、D—C 各 2 回 220kV 线路。设计单位推荐 A—D、D—C 线路导线截面均采用 $2\times400mm^2$，未充分考虑对地区电网规划的适应性及线路附近电厂二期投产的不确定性。

二、监督依据

（1）《220kV 及 110（66）kV 输变电工程可行性研究内容深度规定》（Q/GDW 10270—2017）第 5.7 条："根据正常运行方式和事故运行方式下的最大输送容量，考虑到电网发展，对线路型式、导线截面以及线路架设方式提出要求，必要时对不同导线型式及截面、网损等进行技术经济比较。"

（2）《110kV～750kV 架空输电线路设计规范》（GB 50545—2010）第 5.0.1 条："输电线路的导线截面，宜根据系统需要按照经济电流密度选择；也可根据系统输送容量，结合不同导线的材料结构进行电气和机械特性等比选，通过年费用最小法进行综合技术经济比较后确定。"

三、案例分析

规划人员在确定系统方案时，未能认真研究地区电网规划及边界条件不确定性对电网的影响，说明对电网规划重视不够。本案例中，设计导线截面未充分考虑对地区电网规划的适应性及附近电厂二期投产的不确定性，A—D、D—C 双线设计导线截面均采用 $2\times400mm^2$ 导线，导致不能满足该地区西部电网供电需求。在导线截面选择时，设计人员应及时跟踪电网规划成果，对输送容量进行充分论证，在满足电网各阶段及各种边界条件下供电需求的情况下，合理确定导线截面。

四、监督意见

技术监督人员要求设计单位综合考虑地区电网规划的适应性及附近电厂二期投产的不确定性，补充开展相关计算。经校核，A—D、D—C 线路导线截面需增大为 $2\times630mm^2$。

案例 11　联塔金具尺寸与横担挂点不匹配

监督专业：电气设备性能　　监督手段：查阅施工图纸
监督阶段：工程设计　　　　问题来源：施工图纸会审

一、案例简介

某 220kV 线路工程，导线采用 2×JL/G1A-400/35 钢芯铝绞线，地线采用 2 根 24 芯 OPGW 光缆。导线耐张串采用代号为 2NZ21Y-4040-12P（H）Z 国家电网有限公司通用金具串，联塔金具采用"U"形挂环（U-32115），如图 3-13、图 3-14 所示。开展技术监督工作时发现，该工程耐张塔预留导线横担挂点螺栓孔直径 29mm，而从图 3-14 可以看出，U-32115 螺栓孔径为 30mm，大于角钢塔预留挂点尺寸。角钢塔预留挂孔尺寸与导线耐张串联塔金具不匹配。

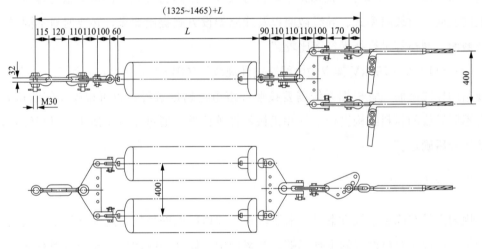

图 3-13　导线耐张串图

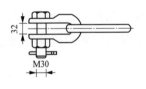

图 3-14　联塔金具
"U"形挂环

二、监督依据

（1）《金具全过程技术监督精益化管理实施细则》（工程设计阶段）序号 1，监督要点 3："与横担连接的第一个金具应转动灵活且受力合理，其强度应高于串内其他金具强度。"

（2）《110kV～750kV 架空输电线路设计规范》（GB 50545—2010）第 6.0.7 条："与

横担连接的第一个金具应转动灵活且受力合理，其强度应高于串内其他金具强度。"

三、案例分析

在线路设计中，金具串选型设计属于线路电气专业，杆塔设计属于线路结构专业，两个专业设计人员针对联塔金具与横担挂点设计未进行沟通或者互相提供资料，导致联塔金具与横担挂点不匹配。

上述不匹配情况将造成导线附件安装时耐张金具串无法安装，造成物资浪费和现场返工情况，影响工期。在金具串与挂孔尺寸不匹配的情况下，若施工人员强行将金具串安装在塔身上，会导致金具串长期受到不平衡挤压、拉拽力作用，进而可能引发金具断裂、断线等严重危害电网安全运行的事故。

四、监督意见

技术监督人员要求线路电气专业设计人员将联塔金具挂孔尺寸要求提供资料给线路结构专业设计人员，由线路结构专业设计人员对杆塔横担导线挂点尺寸进行修改设计。开展技术监督工作后，该工程耐张塔导线横担挂点螺栓孔调整为 32mm，可满足导线耐张串联塔金具安装要求。

案例 12　导线相序布置图标示错误

监督专业：电气设备性能　　　监督手段：查阅施工图纸
监督阶段：工程设计　　　　　问题来源：施工图交底

一、案例简介

某新建 220kV 架空线路路径长约 27.93km，导线采用 $2 \times$ JL/G1A-400/35 钢芯铝绞线，地线采用 2 根 48 芯 OPGW 光缆。经技术监督人员核实，发现线路两端相序不匹配，设计图纸导线相序布置示意图中 A95 塔（线路单双回路分界处）相序标示有误，将导致现场架线相序出线错误，如图 3-15 所示。

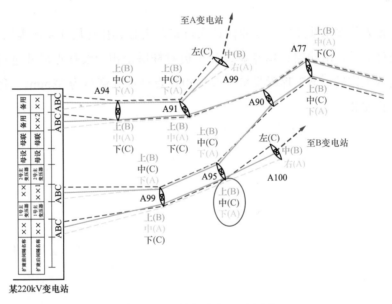

图 3-15　导线相序布置示意图

二、监督依据

《输变电工程施工图设计内容深度规定　第 7 部分：220kV 架空输电线路》（Q/GDW 10381.7—2017）第 5.3.4.2.1 条："导线相序（换位、换相）示意图应包含以下内容：b）标明各相导线的连接方式和相序及两端变电站进出线的相序排列。"

三、案例分析

施工图纸中 A95 塔相序标示错误，"中（A）下（C）"标成"中（C）下（A）"，一方面反映出设计人员责任心不足，绘图粗心大意，出现低级错误；另一方面也反映出施工单位机械按图施工，在架线前未进行相序核对。

设计单位对待图纸要保持高度责任心，完善并有效落实校审制度，切实执行定期质量抽查制度，落实奖惩措施。建设单位应组织施工图会审，提前发现图纸存在的问题，施工单位在导、地线架设前也应仔细核对相序，确定线路两侧相序吻合后方可施工。

四、监督意见

技术监督人员要求设计单位和施工单位核实新建线路两端相序。设计单位和施工单位一同在现场对老线路相序重新进行了核对，并与运检部门进行了确认。设计人员对图纸进行更改，如图 3-16 所示，施工单位在现场对 A95 塔 A、C 相序进行调整。

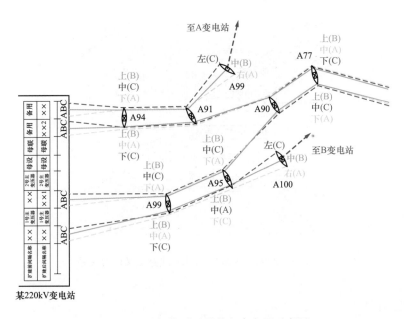

图 3-16 重新核对后导线相序布置示意图

案例 13　新建线路跨越电力线路安全距离不满足要求

监督专业：电气设备性能　　监督手段：查阅初设报告
监督阶段：工程设计　　　　问题来源：现场工代

一、案例简介

某 220kV 架空输电线路路径长约 30km，采用双回路架设。现场施工发现，新建线路下导线距被跨越的 1 条 110kV 线路地线垂直距离为 0.76m，不满足电力线路交叉跨越安全距离要求，220kV 线路与 110kV 线路交叉位置关系如图 3-17 所示。

图 3-17　220kV 线路与 110kV 线路交叉位置关系

二、监督依据

（1）《导、地线全过程技术监督精益化管理实施细则》（工程设计阶段）序号 5，监督要点 6："架空输电线路与铁路、道路、河流、管道、索道及各种架空线路交叉最小垂直距离和最小水平接近距离应符合规定数值：220kV 线路跨越电力线至被跨越线路最小垂直距离为 4m。"

（2）《110kV～750kV 架空输电线路设计规范》（GB 50545—2010）中表 13.0.11 规定，220kV 线路跨越电力线路，至被跨越线路最小垂直距离为 4m。

三、案例分析

该工程在初设阶段开展了终勘定位工作，对跨越的 110kV 线路线高进行了实际测量，并依据测量成果开展了施工图设计。在设计方案中，220kV线路下导线距被跨越110kV线路地线垂直距离约4.7m，满足规范要求。

经现场复核，被跨越110kV线路地线高度测量有误，实际线高较图纸高度增加约5.4m。由于勘察单位现场人员测量偏差，造成现场实际线高与图纸严重不符，导致本工程需变更设计方案。

四、监督意见

技术监督人员要求设计单位对现场进行复核，结合现场实际、基础浇筑、物资供应等情况开展多方案比选，最终采用对现场影响较小的整改方案。整改方案为：废除原11号塔基础，在其附近新建1基57m呼高新11号直线塔。整改方案平、断面分别如图3-18、图3-19所示。另外，要求勘察单位在后续工程设计中加强现场管控、强化校审流程，采取多种措施提高勘察质量。

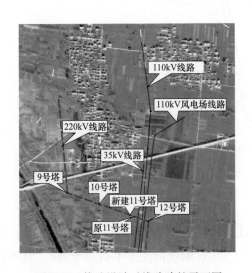

图3-18　修改设计后线路跨越平面图

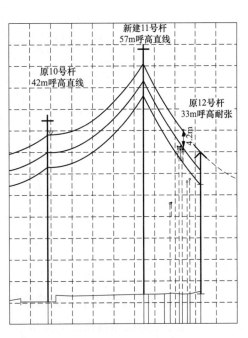

图3-19　修改设计后线路跨越断面图

案例 14　跨越高速公路角度不满足"三跨"要求

监督专业：电气设备性能　　监督手段：查阅初设报告
监督阶段：工程设计　　　　问题来源：现场勘察

一、案例简介

某高压走廊已建成 220kV 线路、500kV 线路、110kV 线路等高压线路，已建线路均跨越某高速公路，跨越角度均为 32°～40°。拟新建 220kV 线路完全平行已建高压线路走线，跨越高速公路交角为 38°，跨越杆塔与高速公路的最小水平距离均大于 1 倍杆塔高度，如图 3-20 所示。

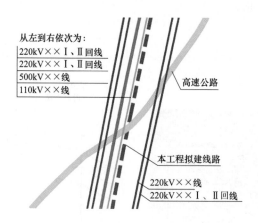

图 3-20　新建线路跨越高速公路示意图

二、监督依据

（1）《导、地线全过程技术监督精益化管理实施细则》（工程设计阶段）序号 5，监督要点 1："架空输电线路与铁路交叉角不宜小于 45°，困难情况下不得小于 30°，且不宜在铁路车站出站信号机以内跨越；与高速公路交叉角一般应不小于 45°；与一级弱电线路交叉角应不小于 45°；与二级弱电线路交叉角应不小于 30°；三级弱电线路不限制。"

（2）《架空输电线路"三跨"重大反事故措施（试行）》（国家电网运检〔2016〕413号）第 2.5 条："新建'三跨'线路与铁路交叉角不宜小于 45°，困难情况下不得小于 30°，且不宜在铁路车站出站信号机以内跨越；与高速公路交叉角一般应不小于 45°；与重要输电通道交叉角不宜小于 45°。线路改造路径受限时，可按原路径设计。"

三、案例分析

设计方案考虑平行已建高压走廊跨越高速公路，该方案走廊较集约，但是线路跨越高速公路交叉角度小于45°，造成向高速主管部门办理跨越手续时受阻。已建线路跨越高速公路交叉角度较小为既成事实，新建线路跨越高速公路交叉角度需满足相关要求。

四、监督意见

技术监督人员要求设计单位对新建线路跨越高速公路角度进行调整，如图 3-21 所示。方案拟增加 1 基转角塔，采用"耐—耐"方式跨越高速公路，方案调整后，线路与高速公路中心线夹角为 70.2°，满足相关规范要求。

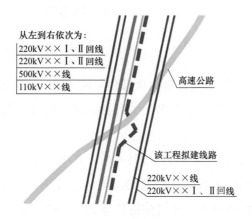

图 3-21　线路调整方案

案例 15 导线选型不合理

监督专业：电气设备性能　　监督手段：查阅可研报告
监督阶段：规划可研　　　　问题来源：工程前期

一、案例简介

某 220kV 线路工程，分为 P—Q 220kV 线路工程（A 段）、P—Q 220kV 线路工程（B 段）两个工程。P—Q 220kV 线路工程（A 段）路径长度 35km，单回路，导线采用 2×JL/G1A-400/35 型钢芯铝绞线；P—Q 220kV 线路工程（B 段）路径长度 28.5km，单回路，导线采用 2×JNRLH61.5/G1A-400/35 型钢芯高导电率耐热铝合金绞线。

二、监督依据

（1）《导、地线全过程技术监督精益化管理实施细则》（规划可研阶段）序号 3，监督要点 1："根据系统要求的输送容量及沿线海拔、冰区划分、大气腐蚀等，推荐选定的导线型号。"

（2）《110kV～750kV 架空输电线路设计规范》（GB 50545—2010）第 5.0.1 条："输电线路的导线截面，宜根据系统需要按照经济电流密度选择；也可根据系统输送容量，结合不同导线的材料结构进行电气和机械特性等比选，通过年费用最小法进行综合技术经济比较后确定。"

三、案例分析

P—Q 220kV 线路工程（A 段）导线采用 2×JL/G1A-400/35 钢芯铝绞线，P—Q 220kV 线路工程（B 段）导线采用 2×JNRLH61.5/G1A-400/35 型钢芯高导电率耐热铝合金绞线，导致全线输送能力不一致，采用钢芯高导电率耐热铝合金绞线也未进行充分论证。

四、监督意见

技术监督人员要求设计单位补充必要的计算。经校核，2×JL/G1A-400/35 钢芯铝绞线已能满足系统输送容量要求。将 P—Q 220kV 线路工程（B 段）导线调整为 2×JL/G1A-400/35 型钢芯铝绞线，并对设计方案进行了修改完善。

案例 16 跨越城市道路未考虑路灯高度

监督专业：电气设备性能　　监督手段：现场勘察
监督阶段：工程设计　　　　问题来源：线路终勘

一、案例简介

某 220kV 新建线路工程，线路沿公路架设，在工程施工立塔放线时，发现线路原路径新增一排路灯，开展线路方案设计时未考虑该影响因素。终勘定位阶段进行杆塔呼高设计时，由于仅考虑满足规程中跨越公路安全距离 8.0m 的要求，导线对地距离均在 10m 左右，而路灯高度为 8.5m，部分区段下导线对新建路灯杆的电气安全距离不满足要求。

二、监督依据

（1）《导、地线全过程技术监督精益化管理实施细则》（工程设计阶段）序号 5，监督要点 6："架空输电线路与铁路、道路、河流、管道、索道及各种架空线路交叉最小垂直距离和最小水平接近距离应符合规定数值：220kV 线路跨越电力线至被跨越线路最小垂直距离为 4m。"

（2）《110kV～750kV 架空输电线路设计规范》（GB 50545—2010）中表 13.0.11 规定，220kV 架空输电线路与铁路、公路、河流、管道、索道及各种架空线路交叉或接近的基本要求，其中 220kV 线路跨越电力线路，至被跨越线路最小垂直距离为 4m。

三、案例分析

该工程在前期规划过程中收资不充分，设计人员未了解到道路两侧路灯设施情况，以致在设计过程中未能考虑路灯的影响，造成新建线路跨越路灯安全距离不够。

四、监督意见

技术监督人员要求设计人员对沿线路灯位置、高度等进行复测，同时向市政道路部门收集其他拟建市政设施资料。据此对局部杆塔呼高进行了提升，满足跨越路灯等要求。对于城区线路，特别是沿规划道路走线时，应向规划部门或设计单位了解路灯及其他等相关设施的布置位置及高度。电气专业排杆定位时，应预留足够的空间，避免线路建设与规划道路设施相互冲突。

案例 17　双回路分支塔相邻单回路直线塔电气间隙不足

监督专业：电气设备性能　　　监督手段：现场勘察
监督阶段：工程设计　　　　　问题来源：现场施工

一、案例简介

某新建 500kV 线路工程，在架线施工时，根据施工单位反映，该工程在展放 A2—A6 耐张段导线时，发现 A3—A4 档中相导线弧垂与施工图不符，A3 塔中相导线脱离滑车，上扬接近"V"串挂点连线位置。

经校验发现，A2 为双回路耐张分支塔，中相挂点比下相高 11.0m，上相挂点比下相高 22.5m，A3 为单回路直线酒杯塔，A3 中相与 A2 上相连接，存在高差大（36m）、档距小（161m）的情况，因此导致 A3 中相上拔严重，经计算 K_v 值仅为 0.10，A3 左边相与 A2 中连接，K_v 值仅为 0.28，均远小于规划值 0.55；A3 左边相偏角为 4.7°，经校验摇摆角达到 70°，间隙不满足要求。原施工图断面如图 3-22 所示，A3 各相实际 K_v 值如图 3-23 所示。

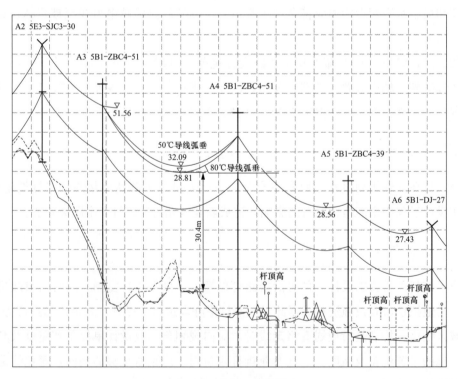

图 3-22　原施工断面图

注：A2 为双回分支塔，A3 为单回直线酒杯塔。

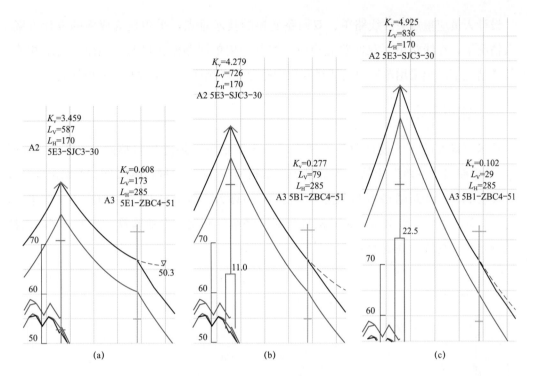

图 3-23　A3 各相实际 K_v 值

（a）断面图显示 K_v=0.608；（b）实际 A3 左边相 K_v=0.277；（c）实际 A3 中相 K_v=0.102

二、监督依据

《输变电工程施工图设计内容深度规定　第 8 部分：330kV～1100kV 交直流架空输电线路》（Q/GDW 10381.8—2017）第 5.1.2.6.4 条："明确不同海拔高度时工频（工作）电压、操作过电压、雷电过电压及带电检修的最小空气间隙。"

第 5.2.3.3 条："对以下内容进行计算校核：杆塔使用条件、'三跨'区段设计条件、K 值、导地线悬点应力、导线风偏断面、跳线对地距离、直线及悬垂转角塔绝缘子串摇摆角、绝缘子金具串强度、耐张绝缘子串倒挂、悬垂角、导地线上拔及地面电场强度分布等。"

三、案例分析

线路平断面定位图，仅反映单回路与双回路下相连接的弧垂曲线。在开展平断面定位图设计时，设计人员经验不足，忽略了单回路与双回路中、上相连接高差不一致，没有对关键点进行详细周全验算，导致与分支塔相连的单回直线塔边相和中相电气间隙不足。校审人员对关键点把握不严，也未能发现上述单、双回路变换可能出现的问题。

设计人员应重点关注线路单、双回路变换的技术难点，采用较为成熟的设计方案。一般情况下，在线路单、双回路变换中，推荐采用单回路耐张塔与双回路分支塔相连，当特殊情况下必须采用单回路直线塔与双回路分支塔相连时，须逐相校验电气间隙。

四、监督意见

技术监督人员要求设计单位开展广泛的方案比选，最终确定拆除 A3 塔，并按照《架空输电线路"三跨"重大反事故措施（试行）》（国家电网运检〔2016〕413 号）规定，校验 A2—A4 跨越 G50 高速技术参数，并验算 A4 塔的结构荷载和纵向不平衡张力，同时 A5 向大号侧位移 48m，如图 3-24 所示。经电气和结构专业验算，跨越耐张段内杆塔均满足相关规程、规范的要求。

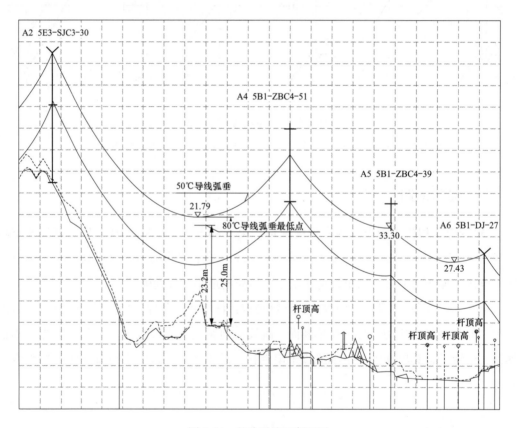

图 3-24　整改后施工断面图

案例18　终端塔耐张串带电部分与杆塔构件最小间隙不满足要求

监督专业：电气设备性能　　监督手段：施工验收

监督阶段：工程设计　　　　问题来源：现场勘察

一、案例简介

某新建 A—B 220kV 线路工程，单回路，建设单位对 1 号终端塔验收时发现，杆塔外侧下相绝缘子串带电部分（水平连板外边缘）距离杆塔横担仅 1.7m，不满足《110kV～750kV 架空输电线路设计规范》（GB 50545—2010）表 7.0.9-1 中所列雷电过电压验算条件下，220kV 带电部分与杆塔构件的最小间隙为 1.90m 的要求（见表 3-3）。

经对现场终端塔和变电站进线构架的相对位置关系进行实测，发现造成该情况的主要原因是变电站和线路坐标系统不一致，定位时将 A1980 坐标系中的变电站构架坐标直接用于 B54 坐标系的路径图上，导致坐标偏差约 70m，具体如图 3-25 所示。

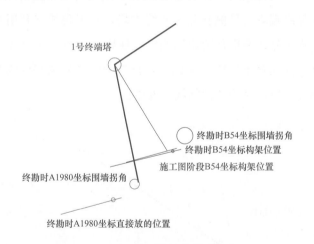

图 3-25　终端塔位置与构架相对位置关系

二、监督依据

（1）《输变电工程施工图设计内容深度规定　第 7 部分：220kV 交直流架空输电线路》（Q/GDW 10381.7—2017）第 5.1.2.6.4 条："明确不同海拔高度时工频（工作）电压、操作过电压、雷电过电压及带电检修的最小空气间隙。"

（2）《110kV～750kV 架空输电线路设计规范》（GB 50545—2010）第 7.0.9 条："在海拔不超过 1000m 的地区，在相应风偏条件下，带电部分与杆塔构件（包括拉线、脚钉等）的最小间隙，应符合表 7.0.9-1 和表 7.0.9-2 的规定。"

表 3-3　110kV～500kV 带电部分与杆塔构件（包含拉线、脚钉等）的最小间隙　　（m）

标称电压（kV）	110	220	330	500	
工频电压	0.25	0.55	0.90	1.20	1.30
操作过电压	0.70	1.45	1.95	2.50	2.70
雷电过电压	1.00	1.90	2.30	3.30	3.30

三、案例分析

在线路定位时，线路电气专业未核实变电土建总平面布置图和线路路径之间的坐标系统差异，导致终端塔实际转角度数超过 90°，外侧耐张串带电部分与杆塔构件之间安全距离不足。

四、监督意见

技术监督人员要求设计人员结合变电站 220kV 出线构架布置情况、远期变电站出线路径方向，在现 1 号终端塔大号侧新建 1 基终端塔，本工程线路利用新建 1 号终端塔进入变电站，同时将现 1 号终端塔预留给远期出线使用，如图 3-26 所示。另外，要求后续工程中，变电站和出线线路采用统一坐标系，且待变电站构架基础浇筑后，对现场进行复测后再施工线路终端塔，避免类似问题的发生。

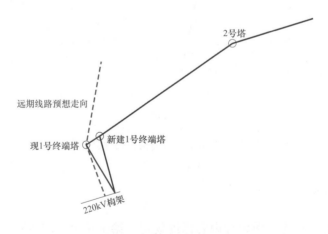

图 3-26　整改方案示意图

案例 19　OPGW 光缆进站引入时未设置"三点接地"

监督专业：电气设备性能　　　监督手段：查阅施工图纸

监督阶段：工程设计　　　　　问题来源：施工图会审

一、案例简介

某 220kV 新建变电站工程，当期 220kV 出线 6 回，线路均同塔双回架设。当期新建 220kV 线路均架设 2 根 OPGW 光缆，每根 OPGW 光缆采用非金属普通光缆在变电站出线构架处沿构架立柱引下。经技术监督检查发现，线路电气专业设计人员未开展 OPGW 光缆进站接地的相关图纸设计，遗漏了 OPGW 光缆进站"三点接地"的设计，OPGW 光缆进站接地设计不符合相关规定要求。

二、监督依据

《电力系统通信光缆安装工艺规范》（Q/GDW 10758—2018）第 7.2.2.1 条："OPGW 引下应'三点接地'，接地点分别在构架顶端、最下端固定点（余缆前）和光缆末端，并通过匹配的专用接地线可靠接地。"

三、案例分析

OPGW 光缆进站遗漏"三点接地"，该部分设计不符合相关规定要求，影响工程顺利验收。若验收时未发现此问题，在后期 OPGW 光缆运行中，将会存在由于 OPGW 光缆未可靠接地，导致 OPGW 光缆上短时感应电流较大、电流流过接触点产生热量从而局部烧熔 OPGW 光缆外层股线的隐患。

在施工图设计阶段，通信专业设计人员应先向变电电气和线路电气专业设计人员提出 OPGW 光缆接地需求，由变电电气和线路电气专业配合设计，各专业设计人员需严格按照依据《电力系统通信光缆安装工艺规范》（Q/GDW 10758—2018）第 7.2.2.1 条规定进行施工图设计。

该案例由于专业设计人员间设计界面不清、配合不足，导致"三点接地"在施工图设计中遗漏。设计单位应明确各专业设计分工界面，在工程设计时，通信专业应及时向相关专业提供资料，并加强专业间设计配合的规范性。

四、监督意见

技术监督人员要求线路电气专业设计人员在施工图中补充 OPGW 光缆进站"三点接地"的设计，补充后的设计图纸如图 3-27 所示。

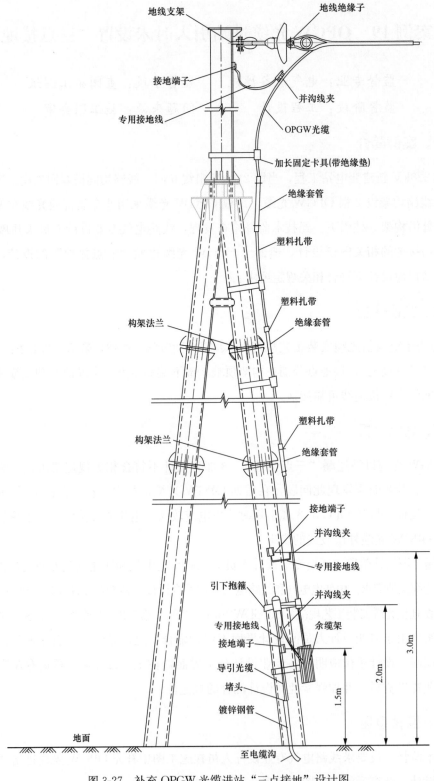

地线支架

地线绝缘子

接地端子

并沟线夹

专用接地线

OPGW光缆

加长固定卡具(带绝缘垫)

绝缘套管

塑料扎带

塑料扎带

构架法兰

绝缘套管

塑料扎带

构架法兰

绝缘套管

接地端子

并沟线夹

专用接地线

引下抱箍

并沟线夹

专用接地线

余缆架

接地端子

导引光缆

堵头

镀锌钢管

地面

至电缆沟

3.0m

2.0m

1.5m

图 3-27 补充 OPGW 光缆进站"三点接地"设计图

案例 20　跨越天然气管道角度不满足要求

监督专业：电气设备性能　　监督手段：查阅施工图纸
监督阶段：工程设计　　　　问题来源：施工图纸会审

一、案例简介

某 220kV 架空输电线路工程，跨越 1 处天然气管道，线路与管道交叉角度为 26°，且未进行安全评估，不满足规范要求，如图 3-28 所示。

图 3-28　初设路径

二、监督依据

（1）《埋地钢质管道交流干扰防护技术标准》（GB/T 50698—2011）第 5.1.5 条提出，埋地管道与高压交流输电线路的距离宜符合下列规定：

1）在开阔地区，埋地管道与高压交流输电线路杆塔基脚间控制的最小距离不宜小于杆塔高度。

2）在路径受限地区，埋地管道与交流输电系统的各种接地装置之间的最小水平距离一般情况下不宜小于表 3-4 的规定。在采取故障屏蔽、接地、隔离等防护措施后，表 3-4 规定的距离可适当减小。

表 3-4　　　　　　　　　　埋地管道与交流接地体的最小距离

电压等级（kV）	≤220	330	500
铁塔或电杆接地（m）	5.0	6.0	7.5

第 5.1.6 条："管道与 110kV 及以上高压交流输电线路的交叉角度不宜小于 55°。不

能满足要求时，宜根据工程实际情况进行管道安全评估，结合防护措施，交叉角度可适当减小。"

（2）《国家电网公司关于印发输电线路跨越重要输电通道建设管理规范（试行）等文件的通知》（基建技术〔2015〕756号）第二十五条："编制初步设计文件时，按照相关技术规范及设计内容深度要求，开展多方案比选，细化、优化跨越技术方案；制订跨越专项施工组织设计大纲；按相关要求计列费用。"

三、案例分析

线路与该天然气管道交叉角度过小，若线路长期运行，对埋地钢制管道的交流干扰腐蚀可能超过管道承受能力，使管道局部蚀透漏气；由于管道输送天然气气压较高，或导致发生爆炸等重大安全事故。如在施工过程中发现这一问题，或路径方案不变、增加管道保护措施，或对线路路径局部方案进行调整，均会导致工期延长、投资增加。

四、监督意见

根据技术监督人员要求，设计单位与管道主管单位联系，明确了管道材质为钢制管道，双方在现场明确并实测了管道的具体位置、交叉跨越要求。针对该工程原设计方案的不足，设计人员通过调整局部路径方案，满足交叉跨越角度的要求。路径调整后，线路长度增加约0.1km，耐张塔数量增加1基，全线铁塔基数不变。交叉跨越角度由26°增加到75°，满足规范要求，调整后的路径如图3-29所示。

图 3-29　局部调整后路径

案例 21 气象条件取值论证不充分

监督专业：电气设备性能　　监督手段：查阅初设报告
监督阶段：工程设计　　　　问题来源：现场勘察

一、案例简介

某 220kV 架空输电线路工程，采用单回路架设，沿线地形主要为丘陵和山地。在该工程初设阶段，设计人员调查了沿线的气象资料和已建线路的运行情况，发现在某山区曾出现过稀有气象条件（折算到 10m 高风速 29m/s，覆冰厚度 15mm），其余地段基本风速均为 27m/s、覆冰厚度均为 10mm。最终设计人员将基本风速 29m/s、覆冰厚度 15mm 作为该工程气象条件。将稀有气象条件作为设计基本条件，设计气象条件取值过高，增加了线路投资，如图 3-30 所示。

图 3-30　工程原气象条件划分

二、监督依据

《110kV～750kV 架空输定电线路设计规范》（GB 50545—2010）第 4.0.1 条："设计气象条件应根据沿线气象资料的数理统计结果及附近已有线路的运行经验确定。基本风速、设计冰厚重现期应符合下列规定：①750kV、500kV 输电线路及其大跨越重现期应取 50 年；②110kV～330kV 输电线路及其大跨越重现期应取 30 年。"

第 4.0.4 条："110kV～330kV 输电线路的基本风速，不宜低于 23.5m/s；500kV～750kV 输电线路的基本风速不宜低于 27m/s. 必要时还宜按稀有风速条件进行验算。"

第 4.0.5 条："轻冰区宜按无冰、5mm 或 10mm 覆冰厚度设计，中冰区宜按 15mm 或 20mm 覆冰厚度设计，重冰区宜按 20mm、30mm、40mm 或 50mm 覆冰厚度等设计，必要时还宜按稀有覆冰条件进行验算。"

三、案例分析

该工程原设计方案中，气象条件未经论证，直接将单次极端气象条件作为设计依据，全线简单提高设计风速、覆冰厚度等级，气象条件取值不合理。

输电线路所采用的气象条件，对线路的工程投资、安全运行有很大的影响。直接将稀有气象条件作为设计依据，或全线简单提高设计风速、覆冰厚度等级，将造成工程投资大幅增加。以该工程为例，工程投资增加约 15%。

四、监督意见

技术监督人员要求，根据线路沿线气象资料的数理统计结果及附近已有线路的运行经验，综合考虑该段的微地形、微气象条件以确定气象条件，稀有气象状况应作为设计验证条件，而不能直接作为设计依据。

结合该工程实际情况，重新划分气象条件，如图 3-31 所示。对于稀有气象条件发生的局部地段，合理划分微地形微气象区，局部验算、加强，适当留有设计裕度，可减少工程投资，经济效益显著。

图 3-31 工程最终气象条件划分

案例 22　接地型式未考虑周边环境

监督专业：电气设备性能　　监督手段：现场勘察
监督阶段：工程设计　　　　问题来源：现场施工

一、案例简介

某 110kV 架空输电线路工程，沿线土壤电阻率为 $300\sim1000\Omega\cdot m$，主要接地方式为"大小方环＋水平接地体"方式。原 16 号塔立于松苗圃中，施工图接地型式采用"大方环＋水平接地体"的方式，如图 3-32 所示，需清理松苗 240 棵。在施工阶段，16 号塔接地射线敷设施工受阻，原因为赔偿费用太高，无法达成一致。

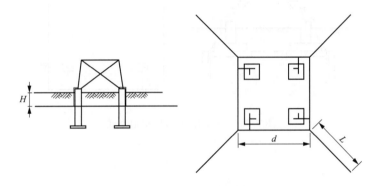

图 3-32　原 16 号塔接地型式

二、监督依据

《110kV～750kV 架空输电线路设计规范》（GB 50545—2010）第 7.0.16 条："有地线的杆塔应接地。在雷季干燥时，每基杆塔不连地线的工频接地电阻，不宜大于表 7.0.16 规定的数值。土壤电阻率较低的地区，当杆塔的自然接地电阻不大于表 7.0.16 所列数值时，可不装设人工接地体。"如表 3-5 所示。

表 3-5　　　　　有地线的线路杆塔不连地线的工频接地电阻

土壤电阻率 $\rho(\Omega\cdot m)$	$\rho\leqslant100$	$100<\rho\leqslant500$	$500<\rho\leqslant1000$	$1000<\rho\leqslant2000$	$\rho>2000$
工频接地电阻（Ω）	10	15	20	25	30

注　如土壤电阻率超过 2000Ω·m，接地电阻很难降低到 30Ω 时，可采用降阻剂或 6～8 根总长不超过 500m 的放射形接地体或连续伸长接地体，其接地电阻不受限制。

第 7.0.17 条："中性点非直接接地系统在居民区的无地线钢筋混凝土杆和铁塔应接

地，其接地电阻不应超过 30Ω。"

三、案例分析

设计时，接地型式未考虑塔基周边地形地貌、地质条件、障碍物、青苗赔偿等因素对接地施工的影响，造成投资增加，影响了施工进度。

四、监督意见

根据技术监督人员要求，16 号塔接地装置采用垂直接地型式，从而减少了青苗赔偿。修改后 16 号塔接地型式如图 3-33 所示。

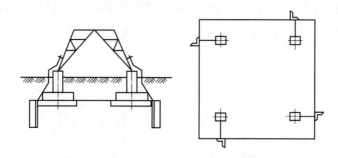

图 3-33　修改后 16 号塔接地型式

案例 23　杆塔选型不符合工程实际条件

监督专业：电气设备性能　　监督手段：查阅初设报告
监督阶段：工程设计　　　　问题来源：初设评审

一、案例简介

某 220kV 单回线路新建工程全长 36.4km，导线采用 1×JL/G1A-400/35 型钢芯铝绞线，主要气象条件为最大设计风速 25m/s，覆冰厚度 10mm。初设塔型推荐采用 2K1 模块，2K1 模块导线为 2×LGJ-240/30 兼 1×JL/G1A-400/35。2K1 模块设计条件如图 3-34 所示。

220kV部分　　　2K1模块

1.概述

按照国家电网公司110~500kV输电线路通用设计修订工作的安排，黑龙江省电力勘察设计研究院负责220kV输电线路2K1模块的设计工作。该模块为海拔≤1000m、设计风速29m/s、导线为2XLGJ-240/30的单回路铁塔，按平地和山区分别规划设计。平地和山区各规划设计了猫头/酒杯/干字形塔。平地铁塔按平腿设计，山区铁塔按全方位长短腿设计。

本次通用设计采用以下规程、规范：
《110kV~750kV架空输电线路设计规范》(GB 50545—2010)
《架空输电线路杆塔结构设计技术规定》(DL/T 5154-2012)

2.气象条件

序号	气象工况	气温t(℃)	风速v(m/s)	覆冰厚度b(mm)
1	最高气温	+40	0	0
2	最低气温	-40	0	0
3	覆冰情况	-5	10	10
4	基本风速	-5	29	0
5	安装情况	-15	10	0
6	平均气温	-10	0	0
7	大气过电压	15	10	0
8	操作过电压	-10	15	0

3.导地线型号及参数

项目		导线	地线	
电线型号		LGJ-240/30	JLB20A-150	JLB40-150
结构	24/3.6	24/3.6		
	7/2.4	7/2.4	19/3.15	19/3.15
计算截面积(mm²)		275.96	148.07	148.07
计算外径(mm)		21.60	15.75	15.75
计算重量(kg/m)		0.92	0.9894	0.6967
计算拉断力(N)		75190	178570	90620
弹性系数(MPa)		73000	147200	103600
线膨胀系数(1/℃)		$19.6×10^{-6}$	$13.0×10^{-6}$	$15.5×10^{-6}$

4.绝缘配置

悬垂串按"Ⅰ"形布置，采用120kN盘式绝缘子，按Ⅲ级污秽区下限考虑，设计绝缘子高度2190mm，爬电比距≥2.5cm/kV。

5.联塔金具

直线塔导线横担均按前、中、后三个挂点设计，挂点间距采用300+300=600mm，以满足单、双联悬挂的需要。联塔金具采用UB-12。

地线悬垂串的第一金具为UB-10型挂板。

图 3-34　2K1 模块设计条件

通用设计杆塔模块中，满足单回路和导线 1×JL/G1A-400/35 的对应杆塔模块只有 2K1 模块。但 2K1 模块设计条件风速为 29m/s，远大于该工程实际 25m/s 的使用条件，设计单位在进行初设塔重估算中，并没有按实际风速进行杆塔使用条件折算。

二、监督依据

(1)《国家电网有限公司 35kV～750kV 输变电工程通用设计、通用设备应用目录(2019 年版)》。

(2)《国家电网公司输变电工程通用设计 220kV 输电线路分册（2011 版）》。

三、案例分析

经测算，相同条件下按 25m/s 风速设计的铁塔单基塔重较 2K1 模块可减轻 15%～20%。若该工程采用 2K1 模块进行初设塔重估算，将导致初设铁塔估算工程量偏大，同时基础工程量也将相应偏大，从而增加工程投资。2K1 模块铁塔塔重比较如图 3-35 所示。

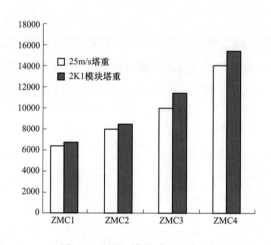

图 3-35　2K1 模块塔重比较图

四、监督意见

技术监督人员要求设计单位根据风速、覆冰等条件开展杆塔荷载验算，重新核算塔材工程量。并要求在后续类似工程设计时，若没有适宜通用设计模块，应依据国家电网有限公司通用设计原则重新规划设计杆塔。

案例 24　电缆户外终端选型不满足反措要求

监督专业：电气设备性能　　监督手段：查阅初设报告
监督阶段：工程设计　　　　问题来源：初设评审

一、案例简介

某 110kV 线路工程，新建变电站 110kV 线路采用户内 GIS 电缆出线，至站外新建电缆终端后，改为架空方式走线。电缆终端塔采用悬式设计，电缆户外终端采用户外干式柔性终端，如图 3-36 所示。初设评审时，技术监督人员指出："电缆户外终端不应选择户外干式柔性终端。"

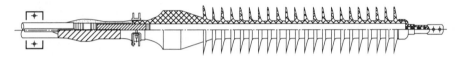

图 3-36　户外干式柔性终端示意图

二、监督依据

《国家电网有限公司关于印发十八项电网重大反事故措施（修订版）的通知》（国家电网设备〔2018〕979 号）第 13.1.1.3 条："110kV 及以上电压等级电缆线路不应选择户外干式柔性终端。"

第 13.1.1.5 条："110kV 及以上电力电缆站外户外终端应有检修平台，并满足高度和安全距离要求。"

三、案例分析

户外干式柔性终端具有安装简单、停电时间短等优点，随着其大量应用，暴露出的缺点也很明显：户外干式柔性终端自持力不足，若固定不牢，运行后易随风摆动、发生弯曲，造成应力锥位置位移，进而造成终端绝缘击穿故障。该项目中，设计人员未能贯彻执行《国家电网有限公司关于印发十八项电网重大反事故措施（修订版）的通知》（国家电网设备〔2018〕979 号）的相关要求，导致电缆户外终端选型错误。

四、监督意见

技术监督人员要求更换户外电缆终端型号，采用座式复合套管电缆终端，如图 3-37

所示。电缆终端塔加装电缆附件固定平台，户外电缆终端座式固定，保证电缆终端和避雷器固定牢靠。

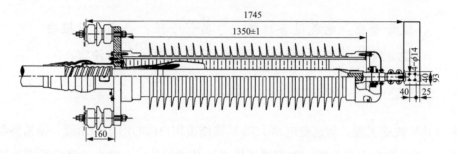

图 3-37　座式复合套管电缆终端示意图

案例 25 电缆交叉互联接地分段不当

监督专业：电气设备性能　监督手段：查阅初设报告
监督阶段：工程设计　　　问题来源：初设评审

一、案例简介

某 110kV 电缆线路工程，电缆线路路径长度 4500m，电缆接地方式采用金属护套交叉互联接地方式，接地分段布置示意图如图 3-38 所示。初设评审会上，技术监督专家指出："电缆交叉互联接地分段不当，需修改。"

二、监督依据

（1）《电缆全过程技术监督精益化管理实施细则》（工程设计阶段）序号 3，监督要点 4："设计说明书中应对电缆接地方式、交叉换位方式（如有）、接地导线（如有）截面选择做出详细说明。"

（2）《电力工程电缆设计标准》（GB 50217—2018）第 4.1.12 条："长线路，宜划分适当的单元，且在每个单元内按 3 个长度尽可能均等区段，应设置绝缘接头或实施电缆金属套的绝缘分隔，以交叉互联接地。"

（3）《城市电力电缆线路设计技术规定》（DL/T 5221—2016）第 7.0.1 条："线路较长，中间一点接地方式不能满足感应电压规定要求时，宜设置绝缘接头或实施电缆金属层的绝缘分隔将电缆的金属套和绝缘屏蔽均匀分割成三段或三的倍数段。"

三、案例分析

该工程交叉互联接地分段为 4 大段、10 小段。前 3 大段为交叉互联接地正确接地形式，而最后一段采用一端直接接地，另一端经护层保护器接地方式。采用此接地方式，若发生短路故障，抑制电缆金属护套感应电压作用不佳。

设计人员应严格执行电缆线路设计规范规定，对交叉互联接地的原理、分段原则深入理解掌握，避免出现接地设计不满保护要求。技术监督人员对设计说明书、设计图纸审阅，重点对交叉互联接地分段布置方式、电缆接头布置位置核查，避免出现电缆运行风险。

四、监督意见

技术监督人员要求采取交叉互联接地方式时需将电缆线路分成若干个大段，每大段原则上分成长度相等的 3 小段。该工程线路长度 4500m，宜分成 3 个大段、9 个小段，每小段 500m。修改后交叉互联接地方式如图 3-39 所示。

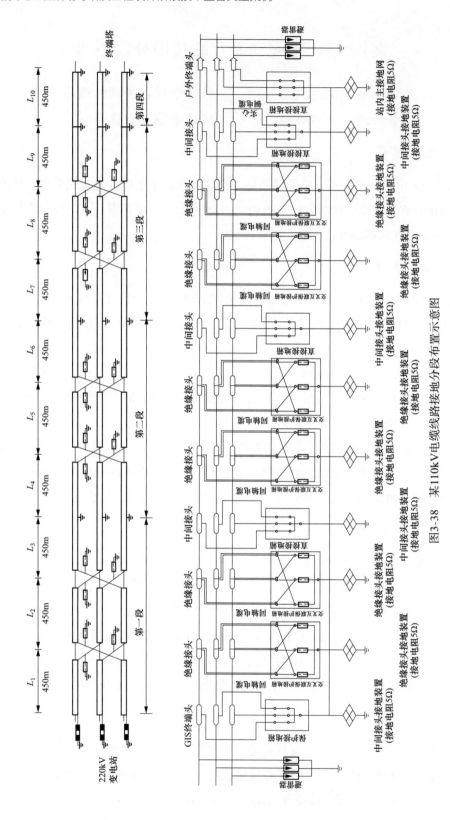

图3-38 某110kV电缆线路接地分段布置示意图

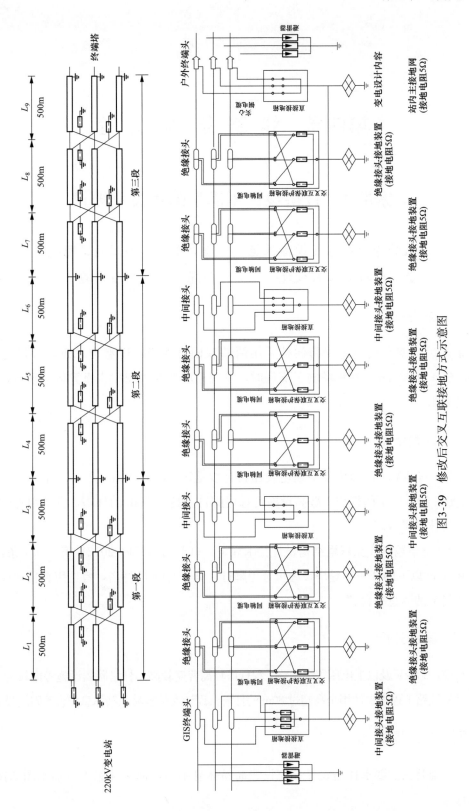

图3-39 修改后交叉互联接地方式示意图

第四章 线路结构工程

案例1 杆塔设计不满足附属设施要求

| 监督专业：电气设备性能 | 监督手段：查阅施工图纸 |
| 监督阶段：工程设计 | 问题来源：工程实施 |

一、案例简介

某 220kV 架空线路工程跨河档采用两基双回直线塔，塔型为 SZK，杆塔呼高为 66m，全高为 82.2m。在铁塔施工交底时，发现该塔型加工图中未设置休息平台，不符合规范要求。

二、监督依据

（1）《110kV～750kV 架空输电线路设计规范》（GB 50545—2010）第 16.0.4 条："总高度在 80m 以下的杆塔，登高设施可选用脚钉。高于 80m 的杆塔，宜选用直爬梯或设置简易休息平台。"

（2）《架空输电线路杆塔结构设计技术规定》（DL/T 5154—2012）第 9.0.1 条："总高度在 80m 以下的杆塔，登塔设施可选用脚钉；高于 80m 的杆塔，宜选用直爬梯或脚钉并设置简易的休息平台。"

三、案例分析

目前，500kV 及以上电压等级线路工程杆塔呼高普遍较高，杆塔附属设施考虑较为全面，而 220kV 线路工程很少使用全高超过 80m 的杆塔，设计人员容易忽略休息平台等附属设施。

四、监督意见

技术监督人员要求杆塔设计补充设置简易休息平台，简易休息平台加工图如图 4-1 所示。

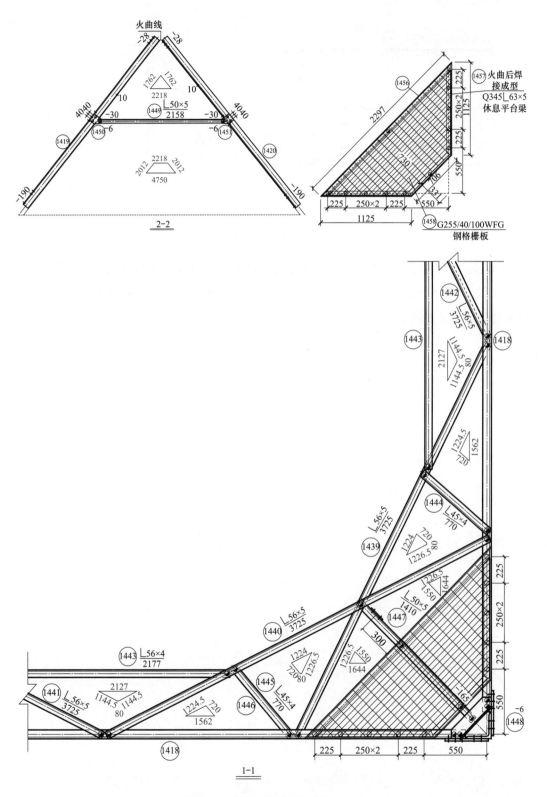

图 4-1　简易休息平台加工图（一）

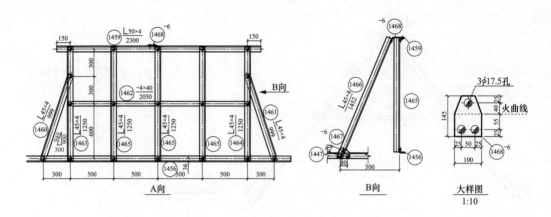

图 4-1　简易休息平台加工图（二）

　　随着输电线路跨越高速铁路、河流等情况日益增多以及建设标准的不断提升，线路工程采用高呼高杆塔的情况越来越多。全高大于 80m 的杆塔，均应按规范要求设置直爬梯登高设施或设置简易休息平台。

案例 2 同塔四回路杆塔不满足结构重要性系数要求

监督专业：电气设备性能　　监督手段：查阅可研报告
监督阶段：规划可研　　　　问题来源：工程前期

一、案例简介

某 220kV 架空线路工程，部分区段采用 220kV/110kV 同塔四回路混压架设。在可研阶段，该区段四回路杆塔结构重要性系数仍按 1.0 取值。

二、监督依据

（1）《国家电网公司输变电工程通用设计 220kV 输电线路分册》第 6.8.3 条："同塔四回路塔结构重要性系数取 1.1。"

（2）《架空输电线路工程可研、初设审查要点》（电运检工作〔2017〕424 号）第 10.10 条："四回 110kV 及以上线路同塔架设时应考虑结构重要性系数 1.1。"

三、案例分析

《110kV～750kV 架空输电线路设计规范》（GB 50545—2010）第 11.2.1 条规定了杆塔结构重要性系数：重要线路不应小于 1.1，临时线路取 0.9，其他线路取 1.0。双回 220kV 与双回 110kV 同塔架设的输电线路涉及变电站较多，一旦发生事故，将会造成严重的后果，需考虑结构重要性系数 1.1。

四、监督意见

技术监督人员要求根据输电线路性质和运行环境采取差异化设计，重要线路应适当提高抗风、抗冰等设防水平，四回 110kV 及以上线路同塔架设时应考虑不低于 1.1 的结构重要性系数。

案例3　线路开断后老杆塔不满足结构强度要求

监督专业：电气设备性能　　监督手段：查阅可研报告
监督阶段：规划可研　　　　问题来源：工程前期

一、案例简介

某 220kV 架空线路工程需将原 220kV 线路开断，拟在开断点新建 2 基开断塔，其中一基杆塔相邻的老塔为耐张塔，两塔之间档距为 106m，开断后该老耐张塔两侧存在较大张力差，不满足原塔设计使用条件。

二、监督依据

《110kV～750kV 架空输电线路设计规范》（GB 50545—2010）第 10.1.2 条："杆塔的作用荷载宜分为横向荷载、纵向荷载和垂直荷载。"

第 10.1.3 条："各类杆塔均应计算线路正常运行情况、断线情况、不均匀覆冰情况和安装情况下的荷载组合，必要时尚应验算地震等稀有情况。"

三、案例分析

在制订开断方案时，设计单位仅考虑老塔的水平档距及垂直档距较开断前有所减小，便认为开断后老塔满足设计使用条件，而忽略了两侧张力的变化。

四、监督意见

技术监督人员要求设计人员结合线路开断后与新建杆塔相邻老塔使用条件，补充对老塔结构强度、电气间隙的校验，若老塔不满足线路开断后的使用要求，需要对老塔进行更换。

案例 4　线路穿过不良地质区域未开展稳定性评估

监督专业：电气设备性能　　监督手段：查阅可研报告
监督阶段：规划可研　　　　问题来源：工程实施

一、案例简介

某 35kV 架空线路工程位于采动影响区，在无法避让时，未对线路进行稳定性评估，同时也未采取预防塌陷的措施。

二、监督依据

（1）《线路基础全过程技术监督精益化管理实施细则（2020 版）》（工程设计阶段）第 2.1.1 条："5. 线路设计时应避让可能引起杆塔倾斜和沉降的崩塌、滑坡、泥石流、岩溶塌陷、地裂缝等不良地质灾害区；宜避让采动影响区，无法避让时，应进行稳定性评估，合理选择基础型式。"

（2）《国家电网有限公司关于印发十八项电网重大反事故措施（修订版）的通知》（国家电网设备〔2018〕979 号）第 6.1.1.3 条："线路设计时宜避让采动影响区，无法避让时，应进行稳定性评价，合理选择架设方案及基础型式，宜采用单回路或单极架设，必要时加装在线监测装置。"

三、案例分析

设计人员对可能引起杆塔倾斜、沉陷的矿场采空区未引起重视；在线路无法避免时，未要求对沿线进行稳定性评估，同时也未采取相应的措施，导致存在安全隐患。

四、监督意见

技术监督人员要求设计人员补充论证线路路径方案，优先选择可以避让可能引起杆塔倾斜、沉陷的矿场采空区；若无法避让矿场采空区，应由地质灾害危险性评估单位进行稳定性评估，线路设计人员根据评估结果采取加长可调节地脚螺栓、大板基础等防塌陷措施，必要时加装在线监测装置。

案例 5　基础型式选择未考虑地质影响因素

监督专业：电气设备性能　　　监督手段：查阅可研报告
监督阶段：规划可研　　　　　问题来源：工程前期

一、案例简介

某 110kV 架空线路工程长约 7.5km，全线采用双回路角钢塔架设，地质条件以可塑粉质黏土为主，局部区段为软塑土。设计人员推荐全线采用刚性台阶基础，如图 4-2 所示。

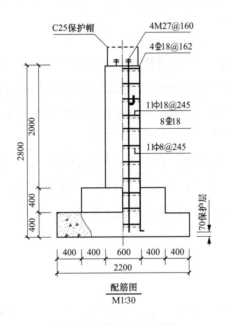

图 4-2　刚性台阶基础图

二、监督依据

（1）《线路基础全过程技术监督精益化管理实施细则（2020 版）》（规划可研阶段）第 1.1.1 条："1. 结合工程特点和沿线主要地质水文情况，提出推荐的主要基础型式。"

（2）《输变电工程可行性研究内容深度规定》（DL/T 5448—2012）第 3.5.3.4 条："……结合工程特点和沿线主要地质情况，提出推荐的主要基础型式。"

三、案例分析

开挖类基础具有施工简便的特点，是工程设计中最常用的基础型式。但是，针对地质为软塑土条件的基础设计，应综合考虑地基承载力不足、土体上拔角较小等情况，若采用大开挖基础，基础底板、立柱尺寸较大，造成基础本体工程量偏高。

四、监督意见

技术监督人员要求设计人员应结合沿线地质条件，提出主要基础型式，针对不同地质条件进行基础型式论证。优先推荐原状土基础，以天然土构成的抗拔土体保持基础的上拔稳定，这样具有节省材料、取消模板及回填土工序、加快工程施工进度、降低工程造价等优点。

案例6　山区线路基础露头高度不满足基面稳定要求

监督专业：电气设备性能　　监督手段：查阅施工图
监督阶段：工程设计　　　　问题来源：工程实施

一、案例简介

某 220kV 山区线路工程采用长短腿塔配合高低立柱基础设计，基础外露高度设计不合理。施工完成后，部分杆塔基础外露高度过低，甚至低于现状地面，如图 4-3 所示。

图 4-3　基础外漏高度过低

二、监督依据

（1）《线路基础全过程技术监督精益化管理实施细则（2020 版）》（工程设计阶段）第 2.1.2 条："6. 山区线路应采用全方位长短腿与不等高基础配合使用，必要时应做好基面稳定防护处理措施。"

（2）《架空输电线路基础设计技术规程》（DL/T 5219—2014）第 13.0.2 条："山区线路应采用全方位长短腿与不等高基础配合使用，必要时应做好基面稳定防护处理措施。"

三、案例分析

设计施工基面过低，未考虑施工完成后塔位附近堆放弃土引起地面标高变化，导致基面存在积水，基面周围土体经长期浸水，容易产生滑坡，造成基面稳定破坏，影响输电线路安全运行。

四、监督意见

技术监督人员要求设计人员应结合沿线地形地貌，合理清理塔位附近弃土，并设置保坎、修筑截水沟，确保基础基面稳定。

设计单位应加强对各个基础的断面测量要求，在采用全方位长短腿铁塔后，对个别塔腿高度级差不能满足的基础要考虑加高，使得每个基础都露出地表面，以利于环保和运行维护。

案例7 基础型式选择未考虑周边环境因素

监督专业：输电线路结构　　　监督手段：查阅施工图
监督阶段：工程设计　　　　　问题来源：工程实施

一、案例简介

某 220kV 架空线路工程 1 号终端塔塔基范围内有一处坟墓，设计单位按迁坟处理，基础推荐采用板式基础。根据施工现场反馈意见，该塔位施工过程中民事协调十分困难，迁坟阻力较大，如不采用大开挖基础可避免迁坟。

二、监督依据

（1）《线路基础全过程技术监督精益化管理实施细则（2020 版）》第 1.1.1 条："1. 结合工程特点和沿线主要地质水文情况，提出推荐的主要基础型式。"

（2）《输变电工程可行性研究内容深度规定》（DL/T 5448—2012）第 3.5.3.4 条："……结合工程特点和沿线主要地质情况，提出推荐的主要基础型式。"

三、案例分析

大开挖板式基础虽然具有施工简单、造价相对较低的特点，但是对地形、地貌以及地质条件有一定的要求。设计人员未充分考虑塔位周边环境因素，忽略了迁移坟墓带来的民事协调问题，给基础施工以及正常工期安排带来不可控的影响。

四、监督意见

技术监督人员要求设计人员统筹考虑民事协调、建设工期和经济性后，将该塔位基础型式修改为孔桩类基础（单桩），避免了坟墓迁移，极大地减小了民事协调难度。对于涉及民事敏感问题，设计单位应充分考虑当地民俗和建设习惯，采取精细化、差异化设计。

案例 8　山区基础防护措施不满足截（排）水要求

监督专业：输电线路结构　　监督手段：查阅初设报告
监督阶段：工程设计　　　　问题来源：工程前期

一、案例简介

某 110kV 山区线路工程，在施工验收阶段发现部分塔位存在被雨水冲刷的安全隐患。经查阅施工图纸，发现在设计阶段并未考虑截、排水措施。为防止水土流失，需针对性设置轻型护坡和排水沟，同时合理处置施工弃土、做好植被恢复。

二、监督依据

（1）《线路基础全过程技术监督精益化管理实施细则（2020 版）》（工程设计阶段）第 2.1.3 条："3. 对于易发生水土流失、洪水冲刷、山体滑坡、泥石流等地段的杆塔，应采取加固基础、修筑挡土墙（桩）、截（排）水沟、改造上下边坡等措施，必要时改迁路径。"

（2）《架空输电线路基础设计技术规程》（DL/T 5219—2014）第 13.0.3 条："宜结合基面实际地形对塔位基面采取截、排水措施"。

（3）《国家电网有限公司关于印发十八项电网重大反事故措施（修订版）的通知》（国家电网设备〔2018〕979 号）第 6.1.1.4 条："对于易发生水土流失、山洪冲刷等地段的杆塔，应采取加固基础、修筑挡土墙（桩）、截（排）水沟、改造上下边坡等措施，必要时改迁路径。"

三、案例分析

在进行基础施工图设计时，设计人员仅根据塔基断面反映出的塔位坡度作为依据来判断是否设置排水设施和护坡，未在线路勘察定位时观察塔位所处的地形情况并做好记录，导致在进行杆塔基础设计时遗漏需要设置的截、排水设施。

四、监督意见

技术监督人员要求设计人员结合塔基地形情况，补充轻型护坡设计方案，现场照片如图 4-4 所示。设计人员在进行山区输电线路设计时，应高度重视水土保持方案对线路安全运行的重要性。在现场施工时，施工单位如发现基础易受雨水冲刷等问题，应及时联系设计单位调整设计方案予以解决。

图 4-4　轻型护坡现场照片

在保证坡面稳定和护坡体自身可靠的前提下，护坡的设计应合理设计断面和布置方案，应采取小型、轻巧的护坡形式，宜根据实际需要设计环境绿化方案，满足水土保持相关要求。

案例 9　老旧基础拆除不满足土地复耕要求

监督专业：环境保护　　监督手段：查阅可研报告
监督阶段：规划可研　　问题来源：工程前期

一、案例简介

某 220kV 线路改接工程，涉及 1.8km 的老旧线路拆除，在可研阶段未考虑原线路基础拆除，遗留杆塔基础给后续农耕活动及环境保护带来不利影响。

二、监督依据

《架空输电线路工程可研、初设审查要点》（电运检工作〔2017〕424 号）第 11.7 条："农田内杆塔拆除时，应将基础、拉盘及水泥杆同步拆除至耕作深度以下，确保耕作深度内不留残留物。"

三、案例分析

老旧基础拆除工作是电网工程的重要工作内容，只拆除老旧杆塔、导地线等地面以上的线路设备，而忽略老旧基础特别是位于耕作区域的老旧基础拆除，残留的基础会对耕作机械以及人员造成伤害，给电网工程建设、农作耕种带来不利影响。

四、监督意见

技术监督人员要求设计人员进一步与建设单位沟通，明确老旧线路处置原则，若考虑将老旧线路拆除，则应明确拆除范围，包括线路拆除起迄点、基础拆除具体深度以及拆旧材料返库运输等内容。

案例 10　基础基面设计未考虑与规划道路高程匹配因素

监督专业：电气设备性能　　监督手段：查阅可研报告

监督阶段：规划可研　　　　问题来源：工程前期

一、案例简介

某 110kV 架空线路工程部分区段需沿规划道路走线，现状地形为丘陵。设计单位在可研阶段未收集该规划道路设计标高，基础基面按照现状自然地面标高设计。

二、监督依据

《架空输电线路工程可研、初设审查要点》（电运检工作〔2017〕424 号）第 11.6 条："输电线路沿道路走线时，基础基面设计高程不宜低于道路高程（含规划道路），否则应采用相应防护措施。"

三、案例分析

设计单位在前期获取协议时疏忽大意，未收集规划道路高程，按照现状地面确定基础的基面设计高程。未考虑规划道路修建时，需对现状地面进行填挖处理，易导致杆塔被掩埋或基础被开挖，影响线路安全运行。

四、监督意见

技术监督人员要求建设单位配合设计人员收集规划道路路面高程、道路断面等资料，杆塔基础基面设计与规划道路高程相匹配，避免后期道路施工时开挖、填土对杆塔造成不利影响。

案例 11　电缆工井进出口设计不满足防水要求

监督专业：电气性能设备　　监督手段：查阅施工图
监督阶段：工程设计　　　　问题来源：工程实施

一、案例简介

某 110kV 电缆线路工程，电缆工井与电缆沟衔接处均采用尺寸较大的方形洞口设计方案，所有电缆敷设时均经过该洞口，虽较为方便快捷，但不利于电缆通道纵向阻水。

二、监督依据

《电力工程电缆设计标准》（GB 50217—2018）第 5.5.4 条："电缆沟应满足防止外部进水、渗水的要求，且应符合下列规定：……"

第 5.6.4 条："电缆隧道、封闭式工作井应满足防止外部进水、渗水的要求，对电缆隧道、封闭式工作井底部低于地下水位以及电缆隧道和工业水管沟交叉时，宜加强电缆隧道、封闭式工作井的防水处理以及电缆穿隔密封的防水构造措施。"

三、案例分析

电缆穿放完成后，需要将工井与电缆沟之间予以隔断，但由于洞口太大，难以有效隔断。如不能有效隔断并进行防水处理，电缆沟内的积水会自洞口流入工井内，造成工井长期积水。

四、监督意见

技术监督人员要求将电缆工井与电缆排管连接处设计成混凝土墙体结构，并在其上预埋所需数量的电缆保护管，预留电缆穿入工井内的小孔，方便采用统一材料进行封堵，且有利于防止污水进入工井内。修改后方案如图 4-5 所示。

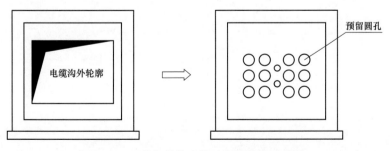

图 4-5　工井与排管连接处电缆排布示意图

案例 12 深开挖电缆工程不满足基坑支护要求

监督专业：电气设备性能　　监督手段：查阅可研报告
监督阶段：规划可研　　　　问题来源：工程前期

一、案例简介

某 220kV 电缆工程，沿市政道路走线段地下管线复杂，沿线多处开挖深度超过 5m，部分地段开挖深度达到 8m。在可研阶段，未考虑深基坑的支护措施，实施时需采用钢板和灌注桩支护，整个支护费用预估超 1500 万元。

二、监督依据

《电缆全过程技术监督精益化管理实施细则（2020 版）》（规划可研阶段）第 1.1.1 条："1. 电缆线路路径应与城市总体规划相结合，应与各种管线和其他市政设施统一安排，且应征得城市规划部门认可。站内电缆所放仓位要有规划部分批复。"

三、案例分析

电缆线路一般沿市政道路走线，施工开挖受周围地面构筑物、地下管线、地质条件等因素的影响较大。若前期不全面收资并进行管线摸排，则无法判断路径方案是否成立并准确计列相关费用，易造成后期方案发生较大变化。

四、监督意见

技术监督人员要求设计人员详细勘察电缆线路沿线地下管线布置情况、附近建筑物距离、地质情况等内容，并根据勘察结果经技术经济比选后制订深基坑支护方案。

案例 13 电缆敷设方式不满足设计深度要求

监督专业：电气设备性能　　监督手段：查阅施工图
监督阶段：工程设计　　　　问题来源：工程实施

一、案例简介

某 110kV 电缆线路工程采用电力隧道和电力排管混合敷设方式，设计单位未提供排管工井内的敷设图纸，施工单位在无依据且对井内电缆支架未进行有效识别的情况下敷设，使电缆发生弯折，局部应力集中。

二、监督依据

(1)《电缆全过程技术监督精益化管理实施细则（2020 版）》（工程设计阶段）第 2.1.5 条："4. 敷设方式及通道应结合环境特点并满足设备运维要求，电缆敷设避免一、二次电缆共用一个电缆沟道，原则上 66kV 以下与 66kV 及以上电压等级电缆宜分开敷设，同一通道内不同电压等级的电缆，应按照电压等级的高低从下向上排列，分层敷设在电缆支架上，不同电压等级电缆间宜设置防火隔板等防护措施。"

(2)《输变电工程施工图设计内容深度规定　第 2 部分：电力电缆线路》（Q/GDW 10381.2—2016）第 5.2.13 条："工作井内电缆布置图，图纸应按比例绘制。标示工作井尺寸、电缆敷设位置、夹具固定位置、电缆线路相位、电缆弯曲半径。列出设备材料表。"

三、案例分析

电缆敷设排布方式不清晰，会造成施工单位在敷设电缆时盲目施工，导致电缆敷设方式不合理，造成一定的安全隐患，影响电缆的安全、稳定运行，电缆通道利用效率低下，甚至影响其他工程电缆的敷设。

四、监督意见

技术监督人员要求设计人员及时补充电缆在隧道和排管工井敷设断面图，并积极配合施工单位对敷设不合理地段的电缆进行位置调整。电缆敷设排布方式不清晰是电缆线路设计工作中典型问题，出现频率高，设计人员也容易忽视。在工作中，设计人员应加强路径沿线隧道及排管内情况勘察，同时结合现有电缆敷设情况及规划要求，对敷设方式转换、沟道连接点等重点地段敷设方式进行详细说明，做到施工有图可依，确保工程建设顺利进行。

案例 14　电缆隧道排水设计未考虑周边环境

监督专业：电气设备性能　　监督手段：查阅施工图
监督阶段：工程设计　　　　问题来源：工程实施

一、案例简介

某 110kV 电缆线路工程，约 0.75km 采用电缆隧道方式敷设，电缆隧道截面为 2.2m×2.5m。隧道的排水设施设计，为隧道内渗水通过排水明沟收集后集中于综合井集水坑，然后由提升泵提升，就近排入市政排水管网。提升泵选用潜水泵，固定间距安装。因未考虑周边环境，导致排水不畅、电缆隧道内积水严重。

二、监督依据

《电力电缆隧道设计规程》（DL/T 5484—2013）第 10.0.1 条："电缆隧道的排水应满足各项排水的要求，排放应符合国家或当地现行有关排放标准。"

第 10.0.2 条："电缆隧道排水主要排除隧道的结构渗漏水、地面井盖的雨水渗漏水及隧道内的冲水等。"

三、案例分析

因未考虑周边环境，套用其他工程排水设施设计方案，潜水泵位置选取未考虑实际情况，未在低点设潜水泵，且未考虑备用潜水泵，导致排水不畅，出现了隧道积水严重等问题。该工程在设计时，并未考虑有水运行情况，接头、附件等设施均未按有水设计。

四、监督意见

技术监督人员要求设计人员根据隧道内集水井的位置调整潜水泵安装位置，并增设备用潜水泵，潜水泵按"一备一用"设计。潜水泵控制采用就地、远程和自动控制三种方式，并应有水泵故障报警系统。隧道排水应根据工程实际情况选择合理的排水方式，结合周边环境，设计出与实际相对应的附属设施。应明确集水坑以及潜水泵结构尺寸、位置和数量等。

案例 15 地下管线勘测不满足勘测深度要求

监督专业：电气设备性能　　监督手段：查阅施工图
监督阶段：工程设计　　　　问题来源：工程实施

一、案例简介

某 110kV 电缆线路工程长约 2.1km，位于城市主干道。电缆采用"隧道＋排管＋工井"的混合敷设方式。在施工图设计阶段，设计单位针对电缆路径沿线的管沟情况向市政单位进行了收资。设计单位依据市政单位提供的资料进行施工图设计，未进行现场复核或地下管线物探，在 3 号工作井开挖作业范围内发现了收资中未标示的给水管线。

二、监督依据

（1）《电缆全过程技术监督精益化管理实施细则（2020 版）》（规划可研阶段）第 1.1.1 条："电缆线路路径应与城市总体规划相结合，应与各种管线和其他市政设施统一安排，且应征得城市规划部门认可。站内电缆所放仓位要有规划部分批复。"

（2）《工程测量规范》（GB 50026—2007）第 7.1.6 条："作业前，应充分收集测区原有的地下管线施工图、竣工图、现状图和管理维修资料等。"第 7.2.1 条："地下管线调查，可采用对明显管线点的实地调查、隐蔽管线点的探查、疑难点位开挖等方法确定管线的测量点位。"

三、案例分析

设计人员单纯依据市政单位提供的资料进行电缆改造井的施工图设计，未进行现场复核或者地下管线物探。本期电缆改造井处于城市主干道，有较长的历史，地线管线不仅错综复杂，而且经过多番管线维修、改造后，市政单位的竣工资料存在缺失，无法准确反映现场管线情况。

四、监督意见

针对新发现的给水管线，技术监督人员要求勘测专业人员采用必要的物探手段对工作井附近进行补充勘测。要求设计人员在综合市政收资和管线物探的基础上，对电缆改造井位置进行重新调整，既保证本期电缆井施工不影响给水管线，也尽量避免施工开挖的浪费。

201

　　地下管线资料收集手段单一，障碍物反映不准确，是电缆管沟设计中的常见问题。设计单位应采取市政收资与物探相结合的手段加强地下管网资料的收集，同时根据工程条件、环境特点等因素选择合理的物探手段，并与当地政府建立协同机制，尽量将电缆管沟施工与道路建设相结合。